Gâteaux au fromage de la pâtisserie Kaorinne

41款無麩質乳酪蛋糕
兩步驟輕鬆完成日本名店的濃郁好滋味

かのうかおり

以前我寄宿在法國，與寄宿家庭的女主人一起製作蛋糕時，
只是用擀麵棍把塔皮擀成適當的厚度，快速地放入模具中，用手啪啪地按壓，
慢慢倒入內餡、放上水果之後，就送入烤箱烘烤。
當時我心想「咦？這樣就可以了嗎？」結果真的很好吃，令我印象深刻。

當初我前往法國，是為了學做乳酪。
我住在離阿爾卑斯山很近的薩瓦省農家，每天過著餵食牛和山羊、
在草原上放牧、在工坊裡做乳酪的生活。
後來，我到巴黎的乳酪店工作，學習有乳酪相伴的法國生活。

回國之後，我一邊在乳酪店工作，一邊開始邀約朋友聚會一起品嚐乳酪，
那時我突然想到，若在聚會中介紹用乳酪製作的美味乳酪蛋糕，
說不定可以讓大家對乳酪有更深的了解。
因為這個想法，我開始製作乳酪滿滿的乳酪蛋糕。

長子出生後，到了他三歲時，我又再次前往法國展開我的乳酪之旅。
由於機會難得，因此我把腳步延伸到西班牙那邊巴斯克地區的聖塞巴斯提安，
在酒館林立的大街旁，有一家店的吧台擺放了多達十個以上、
直徑30㎝的乳酪蛋糕，每個人都一邊喝葡萄酒一邊享用乳酪蛋糕，令我感到驚訝。
我也試吃了一下，真的很對味。「味道這麼神奇的乳酪蛋糕，我從來沒嚐過。
回國之後，我想再現這個味道，讓日本人也可以吃到！」
有了這個念頭之後，從那時起我的腦海中想的全都是各式蛋糕。
回國之後，我立刻反覆試做。這就是巴斯克乳酪蛋糕的開端。

甜點這種東西，想做得多複雜就可以做得多複雜。
雖然那正是甜點有趣之處，但本書要介紹的是格外簡單就可以完成，
濃郁到讓人覺得「是在吃乳酪嗎？」如此滿溢著乳酪感的乳酪蛋糕。
這些食譜省去攪拌、過濾奶油乳酪之類的作業，要清洗的器具也很少，
只要放鬆身體，三兩下就能做好。若能讓大家輕鬆愉快地製作，就是我最開心的事。

かのうかおり

＊卡歐琳娜甜點店的乳酪蛋糕是不含麩質的。
一般認為，兒童會對小麥過敏，
乳酪蛋糕中只會加入足以凝聚乳酪的少量麵粉，
所以為了做出讓苦於無法食用小麥的人也能吃的乳酪蛋糕，
全部的商品都沒有使用小麥。

1.**卡蒙貝爾乳酪**（白黴）誕生於法國‧諾曼第地區的卡蒙貝爾村。質地柔軟，具有融於舌間的濃稠口感和醇厚的味道。　2.**丹麥藍乳酪**（藍黴）丹麥的乳酪。以法國最具代表性的藍紋乳酪‧洛克福乳酪為範本製作而成。有強烈的鹹味，還有很刺激的嗆鼻味道。　3.**帕馬森乳酪**（硬質）被稱為「義大利乳酪之王」，除了可以直接食用之外，也可以磨碎後撒在義大利麵或義式燉飯上。由於經過長期的熟成，因此產生了芳醇的香氣和深厚的濃醇味道。　4.**豪達乳酪**（半硬質）誕生於荷蘭‧豪達村。沒有特殊的味道，口感溫潤。進行熟成之後，乳酪的組織會縮緊變硬，增添芳醇的香氣和濃郁的味道。　5.**麗可塔乳酪**（新鮮）義大利的乳酪。原文Ricotta是「再煮一次」的意思，因為是使用乳清製造的，所以低脂是它的特色。味道清爽，口感佳，可以品嚐到牛奶的天然甜味。　6.**瓦朗賽乳酪**（山羊奶）誕生於法國‧瓦朗賽村的乳酪。原本為金字塔的形狀，但是據說遠征埃及失敗的拿破崙在路經瓦朗賽城堡時，看到金字塔造型的瓦朗賽乳酪之後深感懊惱，所以切除上半部，變成現在這個形狀。周圍沾裹的木炭，具有緩和山羊奶特有的酸味，使味道變得溫潤的效果。　7.**馬魯瓦耶乳酪**（水洗）這是位於與比利時交界的國境附近，法國‧馬魯瓦耶村的修道院僧侶製作之乳酪。特色是彷彿染上橙色的外觀、獨特的氣味和四方形的形狀。外皮有強烈的氣味，不過內側很醇厚。

關於乳酪

乳酪根據製造方法不同，可以分成
「天然乳酪」和「加工乳酪」兩類。
天然乳酪有好幾種分類的方式，
而這裡要為大家介紹七種分類的方法。

6.

7.

1 新鮮類

奶油乳酪、麗可塔乳酪、茅屋乳酪等。未經熟成的乳酪，沒有特殊的味道，質地柔軟水嫩，所以建議最好以剛做好時的新鮮狀態享用。

2 白黴類

卡蒙貝爾乳酪、布利乳酪等。將白黴植入表面，使乳酪從表面往中心熟成。內部是奶油色的，隨著熟成的進行，表皮會變成紅褐色，裡面變得黏糊柔軟。

3 水洗類

馬魯瓦耶乳酪、芒斯特乳酪、彭勒維克乳酪等。在熟成的過程中，會以鹽水或當地的酒等擦洗外皮，所以被稱為「水洗類」。將特殊的微生物「亞麻短桿菌」植入表面使之熟成，所以多半具有強烈的氣味，特色鮮明。很多水洗乳酪的裡層意外地有著溫和且香氣濃郁的豐富味道。

4 山羊奶類

瓦朗賽乳酪、聖莫爾乳酪、夏威紐霍丹乳酪等。山羊的法文是chèvre，這是以山羊奶製作的乳酪。以山羊特有的強烈風味為特徵，熟成的初期有清爽的酸味，隨著熟成的進行，會增添濃厚的香醇風味。

5 藍黴類

洛克福乳酪、戈貢佐拉乳酪、斯蒂爾頓乳酪等。讓藍黴在乳酪的內側繁殖，使之熟成的類型。以黴斑的嗆鼻香氣、強烈鹹味為特徵。

6 半硬質類

豪達乳酪、聲頌乳酪等。經過壓製去除水分製成。熟成期多半需耗時3~6個月左右，味道溫和。

7 硬質類

帕馬森乳酪、切達乳酪、康堤乳酪等。比半硬質乳酪壓製更久，去除水分製成。因為是慢慢花時間使之熟成的，所以會產生濃厚的香氣與鮮味。

食用時的重點

＊溫度：從冷藏室取出之後立刻食用的話，
　　　　口感會很冰涼，所以請在食用前30分鐘取出。
＊營養：儘管乳酪營養滿分，
　　　　但卻不含食物纖維和維生素C。
　　　　與蔬菜和水果一起吃的話，
　　　　不僅可口，還能提升營養價值。

Chapitre 1

Gâteaux au fromage

烤乳酪蛋糕

本書使用須知

☐ 1大匙為15ml，1小匙為5ml。
☐ 蛋是使用M尺寸（淨重50g）的蛋。
☐「1撮」指的是以拇指、食指、中指這三根手指輕輕捏起的分量。
☐ 烤箱要預先加熱至設定的溫度。溫度和烘烤時間會因熱源和機型等因素而有些許差異。詳細請參考食譜，溫度以上下10℃，時間以每次5分鐘左右，視情況調整。
☐ 微波爐的加熱時間是以600W的機型為基準。如果是500W的微波爐，請以1.2倍的時間為準。視機型的不同，有時會出現些許差異。

Gâteaux au fromage

烤乳酪蛋糕

只需依序加入材料一圈圈地攪拌，再送入烤箱烘烤就可以完成的烤乳酪蛋糕。
雖然有濃郁型、輕盈型等各種不同類型的乳酪蛋糕，
不過我覺得最愉快的，是能將每種素材的味道均衡地發揮出來這點。
除了簡單的烤乳酪蛋糕、隔水加熱蒸烤的紐約乳酪蛋糕之外，
還將為大家介紹使用帕馬森乳酪、藍紋乳酪和卡蒙貝爾乳酪等製作，
深具特色的乳酪蛋糕。

Gâteau au fromage nature

基本的
簡單烤乳酪蛋糕

在奶油乳酪和鮮奶油中，加入少許檸檬汁。
以簡單的材料就可以完成，最單純的乳酪蛋糕。
這種百吃不膩的配方不但像牛奶般濃醇，還能感受到些微的酸味。
如果想做出更厚重的口感，也可以把片栗粉更換成2大匙的米製粉。
從味道穩定的隔天起，乳酪會漸漸熟成，2～3天後是最佳賞味期。

奶油乳酪 … 300g
細砂糖 … 90g
蛋 … 2顆
片栗粉 … 1大匙
鮮奶油 … 160㎖
檸檬汁 … ½大匙
【底座】
　原味餅乾（右頁）… 6片（50g）＊
　核桃 … 20g＊＊
　奶油（無鹽）… 20g

＊使用「馬利餅」9片（50g）等也OK。
那樣的話，奶油的分量要改成40g。
＊＊以預熱至160℃的烤箱空烤8分鐘，然後切碎。

前置作業

● 奶油乳酪以微波爐
　加熱1分30秒，使之軟化。
● 將烘焙紙鋪在模具中。
● 烤箱預熱至170℃。

先將奶油乳酪放在耐熱容器中，再包覆保鮮膜，以微波爐加熱1分30秒，使之軟化。開始發出劈劈啪啪的聲音時就可以了。比起恢復至室溫，以微波爐加熱更容易與材料融合。

模具的底部和側面都要鋪上烘焙紙。底部的烘焙紙要卸下模具的底板，放在烘焙紙上作記號之後裁切成圓形，側面的烘焙紙要比模具高出1cm以便取出。

① 製作底座

將餅乾裝入厚塑膠袋中，以擀麵棍敲打或擀壓成碎屑。

放入缽盆中，加入核桃、以微波爐加熱30秒融化的奶油，然後用橡皮刮刀攪拌均勻。

放入模具的底部，以手指按壓將整體緊實地鋪滿底部，然後放入冷藏室備用。

＊一開始要用拳頭按壓。由於邊緣的部分容易潰散，因此要特別壓得緊實一點。

③ 烘烤

使用橡皮刮刀輔助，將麵糊倒入模具中。

如果有氣泡，就用竹籤或手指弄破。

以170℃的烤箱烘烤45分鐘左右。放涼之後脫模，放在冷藏室中冷卻一個晚上。

＊建議在烘烤30分鐘之後更換烤盤的前後位置，以免烤色不均勻。烘烤完成後經過2～3天，味道熟成之後會更加美味。

● 如果要用奶油乳酪200g製作的話……

奶油乳酪 … 200g	【底座】
細砂糖 … 60g	原味餅乾 … 6片（50g）
蛋 … 1又⅓顆份	核桃 … 20g
片栗粉 … 2小匙	奶油（無鹽）… 20g
鮮奶油 … 110㎖	⇒以170℃的烤箱烘烤45分鐘左右。
檸檬汁 … 1小匙	＊蛋糕的厚度變得稍薄一點也OK。

❷ 依照順序攪拌材料

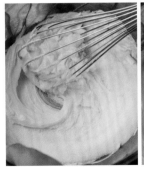   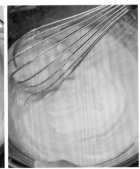

將奶油乳酪放入缽盆中，用打蛋器以摩擦碗底的方式攪拌至變得滑順。然後加入細砂糖，繼續攪拌至均勻融合。

＊重點在於材料不要攪拌過度。避免打出氣泡。

一次加入1顆蛋，每次加入時都要一圈一圈地攪拌。

加入片栗粉之後一圈一圈地攪拌。

＊因為分量並不多，所以可以不用過篩。

依照鮮奶油⇒檸檬汁的順序加入缽盆中，每次加入時都要一圈一圈地攪拌。

原味餅乾的作法

沒有使用麵粉做成的餅乾。加入片栗粉做出酥脆的口感。
一點一點地加入牛奶，調整餅乾的硬度。

材料 直徑4cm的餅乾16片份

A｜米製粉（烘焙用粉）… 30g＊
　｜杏仁粉 … 25g
　｜片栗粉 … 20g＊
奶油（無鹽）… 40g
細砂糖 … 30g
鹽 … 1撮
牛奶 … 1小匙

＊米製粉和片栗粉⇒也可以用低筋麵粉50g製作。

前置作業

- 奶油恢復至室溫。
- 將A放入缽盆中，以打蛋器一圈一圈地攪拌均勻備用。
- 將烘焙紙鋪在烤盤上。
- 烤箱預熱至170℃。

① 將奶油、細砂糖、鹽放入缽盆中，用打蛋器以摩擦碗底的方式攪拌。加入A，用橡皮刮刀切入中央，從底部翻拌。

② 加入牛奶後調整成可用手集中成一團的硬度，放入塑膠袋中，修整成直徑3cm的棒狀，於冷藏室靜置30分鐘以上。

③ 將餅乾麵團切成1cm的厚度，擺放在烤盤上，以170℃的烤箱烘烤18分鐘左右。

Gâteau au fromage new-yorkais
基本的紐約乳酪蛋糕

據說這款蛋糕是移居紐約之猶太人推廣開來的，
特色是以隔水加熱的方式蒸烤，做出濕潤柔軟的乳酪蛋糕。
以酸奶油添加酸味和香醇的味道，
使用的蛋量也比簡單烤乳酪蛋糕來得少，藉此帶出輕盈感。
儘管風味香醇濃厚，不過餘味較為清淡。

材料 直徑15㎝可卸式圓形模具1個份

奶油乳酪 … 200g
酸奶油 … 100g
細砂糖 … 60g
蛋 … 1顆
片栗粉 … 1大匙
鮮奶油 … 140㎖
檸檬汁 … ½ 大匙
【底座】
　原味餅乾（第11頁）… 6片（50g）
　核桃 … 20g *
　奶油（無鹽）… 20g
＊以預熱至160℃的烤箱空烤8分鐘，然後切碎。

前置作業

- 奶油乳酪以微波爐
  加熱1分鐘，使之軟化。
- 將烘焙紙鋪在模具中，
  模具的底部要包覆2層鋁箔紙。
- 烤箱預熱至170℃。

❶ 製作底座　　❷ 依照順序攪拌材料

底座請參照第10頁製作，放入模具的底部，以手指按壓將整體緊實地鋪滿底部，然後放入冷藏室備用。

＊由於邊緣的部分容易潰散，因此要特別壓得緊實一點。

將奶油乳酪放入鉢盆中，用打蛋器以摩擦碗底的方式攪拌。

加入酸奶油之後以摩擦碗底的方式攪拌至變得滑順，然後加入細砂糖繼續攪拌。

＊重點在於材料不要攪拌過度，避免打出氣泡。

❸ 烘烤

模具的底部和側面都要鋪上烘焙紙，因為要隔水加熱蒸烤，所以用2層鋁箔紙包覆模具的底部，以免熱水進入模具中。

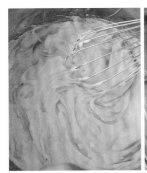

加入蛋之後一圈一圈地攪拌。

依照片栗粉⇒鮮奶油⇒檸檬汁的順序加入鉢盆中，每次加入時都要一圈一圈地攪拌。

＊因為片栗粉的分量很少，所以可以不用過篩。

倒入模具中，如果有氣泡，就用竹籤或手指弄破。

放入烤箱之後，在烤盤裡倒入熱水至1～2㎝的高度（小心燙傷），然後以170℃烘烤50分鐘左右。放涼之後脫模，放在冷藏室中冷卻一晚。

＊中途如果熱水變少了就要追加。烘烤完經過2～3天，等味道熟成之後會更美味。

Gâteau au parmesan
基本的帕馬森乳酪蛋糕

加入帕馬森乳酪可以使味道更有深度。
帕馬森乳酪的鹹味、粗糙的口感自然地調合在一起。
以磨碎的帕馬森乳酪來製作的話,
烘烤時就會開始飄散出很棒的香氣,風味也會變得較為濃厚。
做出更加香濃的乳酪蛋糕。

| 材 料 | 18×8×高6cm的磅蛋糕模具1個份 |

奶油乳酪 … 150g
帕馬森乳酪 … 25g
細砂糖 … 45g
蛋 … 1顆
片栗粉 … ½大匙
鮮奶油 … 70mℓ
檸檬汁 … 1小匙
【底座】
　原味餅乾（第11頁）… 4片（35g）＊
　核桃 … 15g＊＊
　奶油（無鹽）… 15g

＊使用「馬利餅」6又½片（35g）等也OK。
那樣的話，奶油的分量要改成30g。
＊＊以預熱至160℃的烤箱空烤8分鐘，然後切碎。

前置作業

- 奶油乳酪以微波爐
　加熱1分鐘，使之軟化。
- 將烘焙紙鋪在模具中。
- 烤箱預熱至160℃。

❶ 製作底座

底座請參照第10頁製作，放入模具的底部，以手指按壓將整體緊實地鋪滿底部，然後放入冷藏室備用。

＊由於邊緣的部分容易潰散，因此要特別壓得緊實一點。

❷ 依照順序攪拌材料

將奶油乳酪放入缽盆中，用打蛋器以摩擦碗底的方式攪拌，接著加入帕馬森乳酪，繼續攪拌至變得滑順。

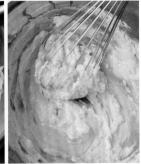

加入細砂糖以摩擦碗底的方式攪拌，然後加入蛋，一圈一圈地攪拌。

＊重點在於材料不要攪拌過度。避免打出氣泡。

❸ 烘烤

[帕馬森乳酪]
為了方便起見，本書中使用的是乳酪粉。但也可以把塊狀的帕馬森乳酪（照片左）磨碎之後使用。那樣的話會做出更濃厚、鹹味更強烈的乳酪蛋糕。

加入片栗粉之後一圈一圈地攪拌。

＊因為分量很少，所以可以不用過篩。

依照鮮奶油⇒檸檬汁的順序加入缽盆中，每次加入時都要一圈一圈地攪拌。

倒入模具中，如果有氣泡，就用竹籤或手指弄破。

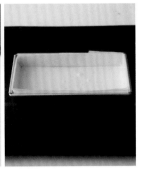

以160℃的烤箱烘烤40分鐘左右。放涼之後脫模，放在冷藏室中冷卻一個晚上。

＊建議在烘烤30分鐘之後更換烤盤的前後位置，以免烤色不均勻。烘烤完成後經過2～3天，味道熟成之後會更加美味。

Gâteau au fromage bleu
基本的藍紋乳酪蛋糕

無論是喜歡或不習慣藍紋乳酪風味的人，都能開心享用的味道。
使用的是丹麥藍乳酪（Danablu），以甜味中帶有辣味的藍黴發酵而成。
為了讓外觀有藍紋乳酪的感覺，製作時重點在於不將藍紋乳酪
全部拌入奶油乳酪中，而是將大約一半的量一顆顆撒在餅乾底座上。
如果是非常喜歡藍紋乳酪的人，那麼建議製作時可以多加一點藍紋乳酪。

材 料	直徑15cm可卸式圓形模具1個份

奶油乳酪 … 240g
藍紋乳酪 … 60g
細砂糖 … 50g
蜂蜜 … 50g
蛋 … 2顆
片栗粉 … 1大匙
鮮奶油 … 160㎖
檸檬汁 … ½ 大匙
【底座】
　原味餅乾（第11頁）… 6片（50g）
　核桃 … 20g＊
　奶油（無鹽）… 20g
＊以預熱至160℃的烤箱空烤8分鐘，然後切碎。

前置作業

● 奶油乳酪以微波爐加熱1分20秒，
　要拌入奶油乳酪中的藍紋乳酪35g，
　則是加熱20秒，使之軟化。
● 將烘焙紙鋪在模具中。
● 烤箱預熱至160℃。

❶ 製作底座

底座請參照第10頁製作，以手指鋪滿模具的底部。將藍紋乳酪25g大略剁碎，擺放在模具的邊緣，然後放入冷藏室備用。

＊由於邊緣的部分容易潰散，因此要特別壓得緊實一點。

❷ 依照順序攪拌材料

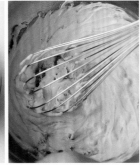

將奶油乳酪放入鉢盆中，用打蛋器以摩擦碗底的方式攪拌，加入剩餘的藍紋乳酪，繼續攪拌至變得滑順。

＊藍紋乳酪稍微殘留顆粒感就好。

依照細砂糖⇒蜂蜜的順序加入鉢盆中，每次加入時都要以摩擦碗底的方式攪拌。

＊重點在於材料不要攪拌過度。避免打出氣泡。

❸ 烘烤

[藍紋乳酪]
本書中使用的是丹麥藍乳酪。價格比較便宜且容易買到，藍黴的分布均勻。使用其他藍紋乳酪也OK。以微波爐加熱，讓表面稍微融化後再加入。

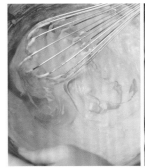

一次加入1顆蛋，每次加入時都要一圈一圈地攪拌。

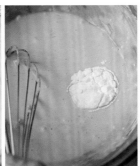

依照片栗粉⇒鮮奶油⇒檸檬汁的順序加入鉢盆中，每次加入時都要一圈一圈地攪拌。

＊因為片栗粉的分量很少，所以可以不用過篩。

倒入模具中，如果有氣泡，就用竹籤或手指弄破。

以160℃的烤箱烘烤45分鐘左右。放涼之後脫模，放在冷藏室中冷卻一個晚上。

＊建議在烘烤30分鐘之後更換烤盤的前後位置，以免烤色不均勻。烘烤完成後經過2～3天，味道熟成之後會更加美味。

● 如果要用奶油乳酪200g製作的話……

奶油乳酪200g、藍紋乳酪50g、細砂糖40g、蜂蜜40g、蛋1又⅔顆份、片栗粉2又½小匙、鮮奶油135㎖、檸檬汁1又½小匙、底座相同⇒以160℃的烤箱烘烤45分鐘左右。

Gâteau au camembert

基本的卡蒙貝爾乳酪蛋糕

為了充分活用卡蒙貝爾乳酪，不去皮或切碎攪拌，
而是大膽一點，就這樣直接鋪在模具的底部。充滿奶油味的卡蒙貝爾乳酪
和微帶酸味的奶油乳酪糊雖然分成兩層，
但是含在嘴裡時會自然地融為一體，非常美味。
卡蒙貝爾乳酪的香氣飄散在鼻腔裡，聞起來相當舒服。

卡蒙貝爾乳酪 … 1個（100g）
奶油乳酪 … 140g
細砂糖 … 30g
蛋 … 1顆
片栗粉 … 1小匙
鮮奶油 … 2大匙
檸檬汁 … 1小匙

前置作業

- 奶油乳酪以微波爐
  加熱1分鐘，使之軟化。
- 將烘焙紙鋪在模具中。
- 烤箱預熱至170℃。

① 將卡蒙貝爾乳酪鋪在底部

將卡蒙貝爾乳酪呈放射狀切成4等分，再分別將厚度切半。

將外皮朝下，鋪滿模具的底部。

② 依照順序攪拌材料

將奶油乳酪放入鉢盆中，用打蛋器以摩擦碗底的方式攪拌至變得滑順，然後加入細砂糖繼續攪拌。

＊重點在於材料不要攪拌過度。避免打出氣泡。

③ 烘烤

[卡蒙貝爾乳酪]
法國・卡蒙貝爾原產的白黴乳酪。這裡使用的是濃稠柔軟、沒有特殊味道、香氣溫和的日本產乳酪，本書中會充分利用外皮口感製作乳酪蛋糕。

加入蛋之後一圈一圈地攪拌。

依照片栗粉⇒鮮奶油⇒檸檬汁的順序加入鉢盆中，每次加入時都要一圈一圈地攪拌。

＊因為片栗粉的分量很少，所以可以不用過篩。

倒入模具中，如果有氣泡，就用竹籤或手指弄破。

以170℃的烤箱烘烤30分鐘左右。放涼之後脫模，放在冷藏室中冷卻一個晚上。

＊建議在烘烤20分鐘之後更換烤盤的前後位置，以免烤色不均勻。烘烤完成後經過2～3天，味道熟成之後會更加美味

Gâteau au fromage et thé chaï
01 印度奶茶烤乳酪蛋糕
在泡得稍濃一點的阿薩姆紅茶中，加入生薑、肉桂、肉豆蔻、黑胡椒。

Gâteau au fromage, mangue et gingembre

02 芒果生薑烤乳酪蛋糕

在芒果乾的甜味和酸味中，加進的是大量的生薑泥。

Gâteau au fromage et thé chaï

01 印度奶茶烤乳酪蛋糕

如同紅茶和牛奶是對味的組合，奶油乳酪和紅茶的搭配度也絕佳。
把雖然有點辛辣但不太強烈、一般人都很熟悉的肉桂、肉豆蔻、黑胡椒
稍微減量之後加進去，就能做出高雅的味道。
富有深度的香氣來自於磨成泥狀的生薑。

| 材 料 | 直徑15cm可卸式圓形模具1個份 |

奶油乳酪 … 300g
細砂糖 … 80g
蛋 … 2顆
片栗粉 … 1又½大匙
生薑泥 … 10g
肉桂粉 … 1小匙
肉豆蔻粉 … ½小匙
黑胡椒 … ½小匙
鮮奶油 … 60㎖
　紅茶茶葉（阿薩姆紅茶）… 2大匙
　熱水 … 80㎖
【底座】
　原味餅乾（第11頁）… 6片（50g）
　核桃 … 20g＊
　奶油（無鹽）… 20g
＊以預熱至160℃的烤箱空烤8分鐘，然後切碎。

前置作業

• 把紅茶茶葉加進熱水中，放置5分鐘，
　用力壓榨茶葉做出紅茶液，放涼備用。
• 奶油乳酪以微波爐加熱1分30秒，使之軟化。
• 將烘焙紙鋪在模具中。
• 烤箱預熱至170℃。

1 製作底座。將餅乾裝入厚塑膠袋中，以擀麵棍敲打成碎
　屑。加入核桃、以微波爐加熱30秒融化的奶油，攪拌均
　勻之後鋪滿模具的底部，放入冷藏室備用。
2 將奶油乳酪放入鉢盆中，用打蛋器以摩擦碗底的方式攪
　拌，然後加入細砂糖繼續攪拌。依照蛋（一次1顆）⇒片
　栗粉⇒生薑和香料⇒鮮奶油⇒紅茶液的順序加入鉢盆
　中，每次加入時都要一圈一圈地攪拌。
3 倒入模具中，以170℃的烤箱烘烤45分鐘左右。放涼之
　後脫模，放在冷藏室中冷卻一個晚上。

［生薑和香料］
加入印度奶茶中的香
料是生薑、肉桂、肉
豆蔻、黑胡椒。生薑
不是使用乾粉製品，而
是以新鮮的生薑磨成
泥，使香氣更加有深
度。肉豆蔻是很適合
搭配乳製品的香料。

紅茶葉加入熱水中燜
蒸5分鐘之後，使用
小濾網過濾紅茶液，
用橡皮刮刀用力壓榨
茶葉，引出香氣。建
議使用茶葉帶有濃厚
的香醇與味道、適合
做成奶茶的阿薩姆紅
茶。

● 如果要用奶油乳酪200g製作的話……
奶油乳酪200g、細砂糖55g、蛋1又⅓顆份、片栗粉1大匙、生薑泥6g、
肉桂粉⅔小匙、肉豆蔻粉⅓小匙、黑胡椒⅓小匙、鮮奶油40㎖、
紅茶茶葉4小匙、熱水55㎖、底座相同⇒以170℃的烤箱烘烤45分鐘左右。

Gâteau au fromage, mangue et gingembre

02 芒果生薑烤乳酪蛋糕

出現在芒果酸酸甜甜的味道後面,縈繞舌尖的餘味,
是大量磨成泥之後加進去的新鮮生薑香氣。
加入的分量相當多,卻完全沒有辣味,就像風味清爽的薑汁汽水一樣。
牛奶‧芒果‧薑汁汽水。感覺很像南國飲品的乳酪蛋糕。

| 材 料 | 直徑15㎝可卸式圓形模具1個份 |

奶油乳酪 … 300g
細砂糖 … 90g
蛋 … 2顆
片栗粉 … 1大匙
生薑泥 … 30g
鮮奶油 … 160㎖
檸檬汁 … ½大匙
芒果乾 … 40g

前 置 作 業

- 奶油乳酪以微波爐
  加熱1分30秒,使之軟化。
- 芒果乾切成1㎝的小丁。
- 將烘焙紙鋪在模具中。
- 烤箱預熱至170℃。

1　將奶油乳酪放入缽盆中,用打蛋器以摩擦碗底的方式攪拌,然後加入細砂糖繼續攪拌。依照蛋(一次1顆)⇒片栗粉⇒生薑⇒鮮奶油⇒檸檬汁的順序加入缽盆中,每次加入時都要一圈一圈地攪拌。

2　先將芒果乾撒在模具的底部,再將1倒入,以170℃的烤箱烘烤45分鐘左右。放涼之後脫模,放在冷藏室中冷卻一個晚上。

生薑去皮之後再磨成泥,加入30g分量的滿滿薑泥。大約是2塊生薑的分量。不只汁液,連纖維也一起加進去,就能讓生薑清爽的風味擴散開來。

芒果乾切成1㎝的小丁,撒在整個模具的底部。倒入奶油乳酪糊時會稍微聚集在一起,不過不用在意。

● 如果要用奶油乳酪200g製作的話……

奶油乳酪200g、細砂糖60g、蛋1又⅓顆份、片栗粉2小匙、生薑泥20g、
鮮奶油110㎖、檸檬汁1小匙、芒果乾25g⇒以170℃的烤箱烘烤45分鐘左右。

Gâteau au fromage, fraises et vanille

03 草莓香草烤乳酪蛋糕

直接加入新鮮的草莓，讓流出的果汁將乳酪蛋糕染上淡淡的顏色。

Gâteau au fromage new-yorkais au potiron

04 南瓜紐約乳酪蛋糕

在南瓜鬆軟的甜味中，以散發出微微香氣的肉桂和肉豆蔻增添風味。

Gâteau au fromage, fraises et vanille

03 草莓香草烤乳酪蛋糕

草莓偶爾冒出頭來，外觀很可愛的乳酪蛋糕。
直接使用新鮮的草莓果實，讓它自然地流出果汁，乳酪糊裡則拌入了香草籽。
將使用完的香草莢埋在細砂糖裡，讓砂糖染上香草的香氣
變成香草風味的砂糖，可用來製作各種不同的甜點和飲品。

材 料 直徑15cm可卸式圓形模具1個份

奶油乳酪 … 150g
細砂糖 … 40g
蛋 … 1顆
片栗粉 … ½大匙
香草莢 … ¼根
鮮奶油 … 80mℓ
檸檬汁 … 1小匙
草莓 … 12顆（180g）

前置作業

• 奶油乳酪以微波爐
  加熱1分鐘，使之軟化。
• 草莓去除蒂頭。
• 將烘焙紙鋪在模具中。
• 烤箱預熱至170℃。

1 將奶油乳酪放入缽盆中，用打蛋器以摩擦碗底的方式攪拌，然後加入細砂糖繼續攪拌。依照蛋⇒片栗粉⇒香草籽（縱向切半之後刮出香草籽）⇒鮮奶油⇒檸檬汁的順序加入缽盆中，每次加入時都要一圈一圈地攪拌。

2 在模具的底部沿著邊緣擺放草莓，然後倒入 *1*，以170℃的烤箱烘烤30分鐘左右。放涼之後脫模，放在冷藏室中冷卻一個晚上。

＊藉由從草莓中滲出的果汁，做出濕潤且較為柔軟的乳酪蛋糕。

香草莢縱切成一半，以刀子刮出裡面黑色的細小種籽使用。依個人喜好，增加至½根的話，做出的蛋糕就可以享受到香草籽的顆粒感。

將草莓去除蒂頭之後立放在模具的邊緣繞一圈。之後倒入奶油乳酪糊的話，外觀就會變成只有草莓的尖端微微地露出來。

Gâteau au fromage new-yorkais au potiron

04 南瓜紐約乳酪蛋糕

加入過濾過的南瓜，製作成口感濕潤的乳酪蛋糕。
南瓜鬆軟的甜味和乳酪的味道均衡地整合在一起，
這全都多虧了散發出微微香氣的肉桂和肉豆蔻。多做一點過濾過的南瓜，
冷凍備用後就可以拿來製作成不同的甜點和料理，相當方便。

材 料	直徑15cm可卸式圓形模具1個份

奶油乳酪 … 100g
酸奶油 … 50g
南瓜 … ¼顆（300g）
細砂糖 … 60g
蛋 … 1顆
片栗粉 … 1大匙
肉桂粉 … ½小匙
肉豆蔻粉 … ¼小匙
鮮奶油 … 140mℓ
【底座】
　原味餅乾（第11頁）… 6片（50g）
　核桃 … 20g＊
　奶油（無鹽）… 20g
＊以預熱至160℃的烤箱空烤8分鐘，然後切碎。

前置作業

• 南瓜去除籽和瓜囊，
　以微波爐加熱4分30秒，
　再以網篩過濾，準備150g的分量。
• 奶油乳酪以微波爐
　加熱40秒，使之軟化。
• 將烘焙紙鋪在模具中。
　模具的底部要包覆2層鋁箔紙。
• 烤箱預熱至170℃。

1 製作底座。將餅乾裝入厚塑膠袋中，以擀麵棍敲打成碎屑。加入核桃、以微波爐加熱30秒融化的奶油，攪拌均勻之後鋪滿模具的底部，放入冷藏室備用。

2 將奶油乳酪放入缽盆中，用打蛋器以摩擦碗底的方式攪拌，再依照酸奶油⇒南瓜⇒細砂糖的順序加入缽盆中，每次加入時都要以摩擦碗底的方式攪拌。然後依照蛋⇒片栗粉和香料⇒鮮奶油的順序加入缽盆中，每次加入時都要一圈一圈地攪拌。

3 倒入模具中，放入烤箱之後，在烤盤裡倒入熱水至1～2cm的高度，然後以170℃烘烤50分鐘左右（如果熱水變少了要追加熱水）。放涼之後脫模，放在冷藏室中冷卻一個晚上。

南瓜去除籽和瓜囊之後清洗乾淨，然後包覆保鮮膜，以微波爐加熱使之變軟。放涼之後用湯匙挖取瓜肉的部分，使用網篩過濾之後準備150g的分量。

Gâteau au parmesan, caramel et sancho

05 焦糖山椒帕馬森乳酪蛋糕

不使用鮮奶油，改以牛奶製作輕盈風味的焦糖醬就是訣竅。

06 咖啡糖漬橙皮紐約乳酪蛋糕

Gâteau au fromage new-yorkais, café et écorces d'orange

只有咖啡的話味道稍嫌平淡。不過只要加入糖漬橙皮，就能讓人對這款蛋糕的印象為之一變。

Gâteau au parmesan, caramel et sancho

05 焦糖山椒帕馬森乳酪蛋糕

山椒具有與檸檬一樣的清爽感，非常適合搭配奶油乳酪。
當我在思考山椒風味的時候，我想起了蒲燒鰻甜甜鹹鹹的醬汁，
心想「也許焦糖和山椒很相配!?」進而設計出這份食譜。
山椒的量請依個人喜好增加看看。

| 材 料 | 18×8×高6cm的磅蛋糕模具1個份 |

奶油乳酪 … 150g
帕馬森乳酪 … 25g
細砂糖 … 30g
蛋 … 1顆
片栗粉 … ½大匙
山椒粉 … ¼小匙

【焦糖醬】
　細砂糖 … 2大匙
　水 … ½大匙
　牛奶 … 60ml

【底座】
　原味餅乾（第11頁）… 4片（35g）
　核桃 … 15g＊
　奶油（無鹽）… 15g

＊以預熱至160℃的烤箱空烤8分鐘，然後切碎。

前置作業

• 奶油乳酪以微波爐
　加熱1分鐘，使之軟化。
• 將烘焙紙鋪在模具中。
• 烤箱預熱至160℃。

[山椒粉]
將已經成熟的山椒果
實外皮弄乾之後磨成
的粉末，是具有令人
舌頭發麻的辣度和清
爽香氣之香料。

1　製作底座。將餅乾裝入厚塑膠袋中，以擀麵棍敲打成碎屑。加入核桃、以微波爐加熱30秒融化的奶油，攪拌均勻之後鋪滿模具的底部，放入冷藏室備用。

2　製作焦糖醬。將細砂糖和水放入厚質的鍋子裡以中火加熱，待整體變成深焦褐色之後關火。牛奶以微波爐加熱40秒之後倒進鍋子中（會噴濺請多加小心），停一下之後以刮刀攪拌，然後放涼。

3　將奶油乳酪放入缽盆中，用打蛋器以摩擦碗底的方式攪拌，依照帕馬森乳酪⇒細砂糖的順序加入缽盆中，每次加入時都要以摩擦碗底的方式攪拌。再依照蛋⇒片栗粉和山椒粉⇒2的焦糖醬（攪拌一下）的順序加入缽盆中，每次加入時都要一圈一圈地攪拌。

4　倒入模具中，以160℃的烤箱烘烤40分鐘左右。放涼之後脫模，放在冷藏室中冷卻一個晚上。

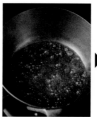  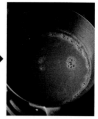

| 將細砂糖和水放入厚質的鍋子裡以中火加熱，鍋緣開始變成褐色之後就繞圈晃動鍋子，直到整體變成深焦褐色後即可關火。最好經常移離爐火，觀察煮焦的狀況。 | 牛奶以微波爐加熱40秒，充分變熱之後加進去。此時會噴濺出來，請多加小心。 | 停一下，然後以刮刀攪拌，放涼備用。變涼之後會殘留牛奶的膜，不過不用在意。在加入奶油乳酪糊中之前，最好再攪拌一次。 |

Gâteau au fromage new-yorkais, café et écorces d'orange

06 咖啡糖漬橙皮紐約乳酪蛋糕

咖啡歐蕾很好喝，所以奶油乳酪和咖啡照理說不會不對味。
咖啡微微的苦味之後，緊跟著的是糖漬橙皮的口感和清爽香氣。
只有咖啡的話，味道很容易稍嫌平淡，不過只要加入糖漬橙皮，
味道的輪廓就會變得鮮明。清爽的滋味讓人忍不住大口大口地吃進嘴裡。

| 材　料 | 直徑15㎝可卸式圓形模具1個份 |

奶油乳酪 … 200 g
酸奶油 … 100 g
細砂糖 … 60 g
蛋 … 1顆
片栗粉 … 1大匙
糖漬橙皮（切成碎末） … 30 g
香草油 … 少許
　即溶咖啡 … 2大匙
　鮮奶油 … 140㎖

前置作業

● 鮮奶油以微波爐加熱1分30秒，
　加入即溶咖啡溶掉之後放涼備用。
● 奶油乳酪以微波爐
　加熱1分鐘，使之軟化。
● 將烘焙紙鋪在模具中。
　模具的底部要包覆2層鋁箔紙。
● 烤箱預熱至170℃。

1　將奶油乳酪放入缽盆中，用打蛋器以摩擦碗底的方式攪拌，依照酸奶油⇒細砂糖的順序加入缽盆中，每次加入時都要以摩擦碗底的方式攪拌。再依照蛋⇒片栗粉⇒糖漬橙皮和香草油⇒咖啡液（攪拌一下）的順序加入缽盆中，每次加入時都要一圈一圈地攪拌。

2　倒入模具中，放入烤箱之後，在烤盤裡倒入熱水至1～2㎝的高度，然後以170℃烘烤55分鐘左右（如果熱水變少了要追加熱水）。放涼之後脫模，放在冷藏室中冷卻一個晚上。

＊將糖漬橙皮改用糖漬檸檬皮製作也很美味。

[糖漬橙皮]
把成熟的瓦倫西亞橙果皮切碎，以洋酒和砂糖醃漬而成。苦味較少，也非常推薦給怕吃果皮的人使用。「UMEHARA切碎的糖漬橙皮」（富）⇒購買處請參照第88頁。

將即溶咖啡加入已經用微波爐加熱過的鮮奶油中攪拌，製作成咖啡液備用。在加入奶油乳酪糊中之前，最好再攪拌一次。

07 無蛋乳白色烤乳酪蛋糕
Gâteau au fromage crémeux, sans œufs

不使用蛋製作的淺白色蛋糕，突顯出奶油乳酪的乳白感。

08 蔓越莓杏仁烤乳酪蛋糕
Gâteau au fromage, canneberge et amandes

將酸酸甜甜的蔓越莓乾和
口感酥脆的杏仁片撒在頂端，作為裝飾。

Gâteau au fromage du pays basque

09 巴斯克乳酪蛋糕

黑漆漆的烤色之中,有著類似
烤布蕾焦糖般的感覺。

07 無蛋乳白色烤乳酪蛋糕

Gâteau au fromage crémeux, sans œufs

這是一款想要為不吃蛋和小麥的人製作的烤乳酪蛋糕。蛋糕整體呈現白色，外觀看起來就像乳酪一般，味道濕潤滑順。製作時也可以加入少許檸檬汁，為蛋糕增添酸味。

材料 直徑12cm可卸式圓形模具1個份

奶油乳酪 … 180g
細砂糖 … 50g
鮮奶油 … 180mℓ
片栗粉 … 2大匙

前置作業

• 奶油乳酪以微波爐
　加熱1分鐘，使之軟化。
• 將烘焙紙鋪在模具中。
• 烤箱預熱至170℃。

1　將奶油乳酪放入缽盆中，用打蛋器以摩擦碗底的方式攪拌，然後加入細砂糖繼續攪拌。依照鮮奶油⇒片栗粉的順序加入缽盆中，每次加入時都要一圈一圈地攪拌。

2　倒入模具中，以170℃的烤箱烘烤35分鐘左右。放涼之後脫模，放在冷藏室中冷卻一個晚上。

＊因為烤的時候會稍微膨脹，所以之後雖然會消下去一點，但不用在意。
＊按照個人口味，加入1小匙檸檬汁的話也很好吃。

08 蔓越莓杏仁烤乳酪蛋糕

Gâteau au fromage, canneberge et amandes

只需在原味奶油乳酪糊的上面擺放蔓越莓乾和杏仁片再烘烤即可。
儘管如此簡單，不過等蔓越莓的酸味滲入乳酪糊之後，就會產生全新的美妙滋味。

[蔓越莓乾]
鮮紅的外皮、酸甜的滋味，非常適合搭配奶油乳酪和優格。內含具抗氧化作用的原花青素，有保持青春、抗老化和美膚的效果。

材料 直徑15cm可卸式圓形模具1個份

奶油乳酪 … 300g
細砂糖 … 90g
蛋 … 2顆
片栗粉 … 1大匙
鮮奶油 … 160mℓ
檸檬汁 … ½大匙
┌ 蔓越莓乾 … 20g
└ 杏仁片 … 15g

【底座】
原味餅乾（第11頁）
　… 6片（50g）
核桃 … 20g＊
奶油（無鹽）… 20g
＊以預熱至160℃的烤箱空烤8分鐘，然後切碎。

前置作業

• 奶油乳酪以微波爐
　加熱1分30秒，使之軟化。
• 將烘焙紙鋪在模具中。
• 烤箱預熱至170℃。

1　製作底座。將餅乾裝入厚塑膠袋中，以擀麵棍敲打成碎屑。加入核桃、以微波爐加熱30秒融化的奶油，攪拌均勻之後鋪滿模具的底部，放入冷藏室備用。

2　將奶油乳酪放入缽盆中，用打蛋器以摩擦碗底的方式攪拌，然後加入細砂糖繼續攪拌。依照蛋（一次1顆）⇒片栗粉⇒鮮奶油⇒檸檬汁的順序加入缽盆中，每次加入時都要一圈一圈地攪拌。

3　倒入模具中，然後依照杏仁片、蔓越莓乾的順序撒在整個奶油乳酪糊上面，以170℃的烤箱烘烤45分鐘左右。放涼之後脫模，放在冷藏室中冷卻一個晚上。

● 如果要用奶油乳酪200g製作的話……

奶油乳酪200g、細砂糖60g、蛋1又⅓顆份、
片栗粉2小匙、鮮奶油110mℓ、檸檬汁1小匙、
蔓越莓乾15g、杏仁片10g、
底座相同⇒以170℃的烤箱烘烤45分鐘左右。

Gâteau au fromage du pays basque

09 巴斯克乳酪蛋糕

這是我在西班牙北部巴斯克地區的聖塞巴斯提安當地酒館遇見的乳酪蛋糕。
那裡的食客（男女老少）每個人都用它搭配葡萄酒，看起來吃得津津有味。
這款外觀令人印象深刻的乳酪蛋糕，味道濃郁，餘味卻很清爽，
不管再多都吃得下。不使用粉類製作，滑順的口感頗具魅力。

材料 直徑12cm可卸式圓形模具1個份

奶油乳酪 … 280g
細砂糖 … 90g
蛋 … 2顆
鮮奶油 … 70㎖

前置作業

- 奶油乳酪以微波爐
  加熱1分30秒，使之軟化。
- 將烘焙紙鋪在模具中。
- 烤箱預熱至250℃。

1 將奶油乳酪放入鉢盆中，用打蛋器以摩擦碗底的方式攪拌，然後加入細砂糖繼續攪拌。依照蛋（一次1顆）⇒鮮奶油的順序加入鉢盆中，每次加入時都要一圈一圈地攪拌。

2 倒入模具中，以250℃的烤箱烘烤25分鐘左右。放涼之後脫模，放在冷藏室中冷卻一個晚上。

＊如果烤色看起來很淡，就將烘烤時間延長5～10分鐘。

── 烘焙紙的鋪法 ─────

烘焙紙先裁成25cm的方形，斜摺成一半再摺一半，然後又摺一半，摺得很細窄之後剪掉多出的部分，變成直徑25cm的圓形。

對準模具的中心快速鋪進去，邊緣輕輕摺疊，整理整齊。

因為奶油乳酪糊會膨脹起來，所以烘焙紙的側面要比模具高出3cm左右。

在巴斯克的酒館會先切成較薄的蛋糕片之後，每盤盛裝2片供應給客人。用湯匙吃也是它的特色。

以高溫迅速烘烤，是製作這種乳酪蛋糕的重點。剛出爐時蓬鬆柔軟、顏色呈深焦褐色，底部和側面都變成深焦褐色是最理想的狀態。如果烤到全黑的話味道會變苦，請特別注意。

● **如果要用奶油乳酪200g製作的話……**

奶油乳酪200g、細砂糖65g、蛋1又½顆份、
鮮奶油50㎖⇒以250℃的烤箱烘烤25分鐘左右。

Gâteau au parmesan, rhum et raisins secs

10 蘭姆葡萄帕馬森乳酪蛋糕

味道濃醇的帕馬森乳酪，與香甜濃郁的蘭姆酒非常契合。

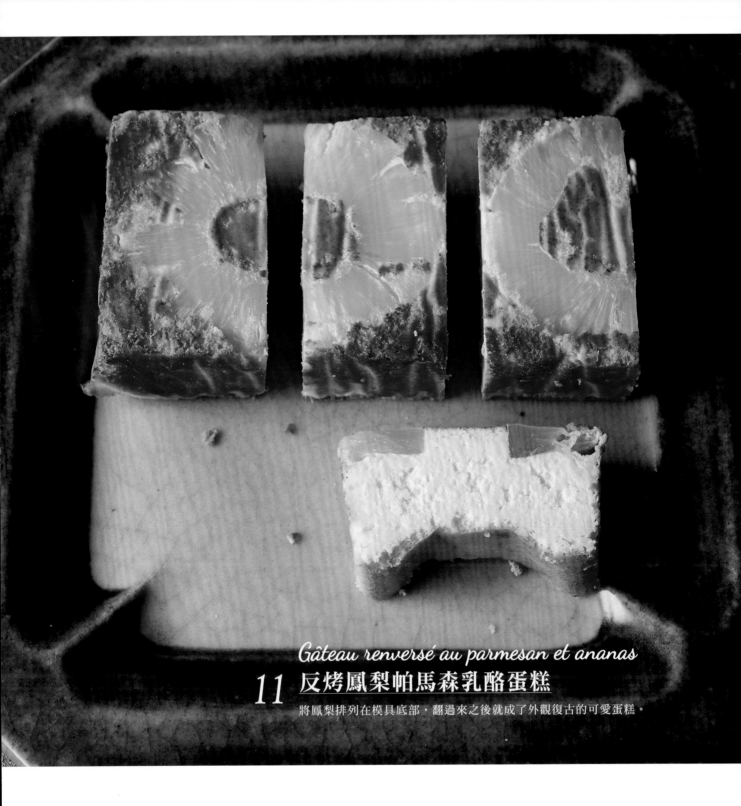

Gâteau renversé au parmesan et ananas

11 反烤鳳梨帕馬森乳酪蛋糕

將鳳梨排列在模具底部，翻過來之後就成了外觀復古的可愛蛋糕。

Gâteau au parmesan, rhum et raisins secs

10 蘭姆葡萄帕馬森乳酪蛋糕

將味道濃郁的帕馬森乳酪加入蛋糕中，
再搭配以蘭姆酒充分醃漬過的葡萄乾。
與加進底座的核桃香氣結合之後，味道會變得更有深度。
也可以切成較薄的切片搭配葡萄酒享用，當作偏向成年人口味的甜點。

<table>
<tr><td>材 料</td><td>18×8×高6cm的磅蛋糕模具1個份</td></tr>
</table>

奶油乳酪 … 150g
帕馬森乳酪 … 25g
細砂糖 … 45g
蛋 … 1顆
片栗粉 … ½大匙
鮮奶油 … 70㎖
檸檬汁 … 1小匙
【蘭姆葡萄】
　葡萄乾 … 20g
　蘭姆酒 … 1大匙
【底座】
　原味餅乾（第11頁）… 4片（35g）
　核桃 … 15g＊
　奶油（無鹽）… 15g
＊以預熱至160℃的烤箱空烤8分鐘，然後切碎。

前置作業

• 葡萄乾與蘭姆酒混合之後醃漬至少一個晚上，
　放在廚房紙巾上面瀝乾水分。
• 奶油乳酪以微波爐
　加熱1分鐘，使之軟化。
• 將烘焙紙鋪在模具中。
• 烤箱預熱至160℃。

1　製作底座。將餅乾裝入厚塑膠袋中，以擀麵棍敲打成碎
　屑。加入核桃、以微波爐加熱30秒融化的奶油，攪拌均
　勻之後鋪滿模具的底部，放入冷藏室備用。

2　將奶油乳酪放入鉢盆中，用打蛋器以摩擦碗底的方式攪
　拌，依照帕馬森乳酪⇒細砂糖的順序加入鉢盆中，每次
　加入時都要以摩擦碗底的方式攪拌。再依照蛋⇒片栗粉
　⇒鮮奶油⇒檸檬汁的順序加入鉢盆中，每次加入時都要
　一圈一圈地攪拌。

3　將蘭姆葡萄撒在底座上，然後倒入 2，以160℃的烤箱烘
　烤40分鐘左右。放涼之後脫模，放在冷藏室中冷卻一個
　晚上。

＊蘭姆葡萄保存在常溫中，可保存一年左右。建議一次做一些起來備
　用，可以用來製作各式各樣的甜點。

[蘭姆葡萄]
加入剛好蓋過葡萄乾
的蘭姆酒，醃漬至少
一個晚上後，蘭姆葡
萄就完成了。除了乳
酪蛋糕，也可以用來
製作磅蛋糕和餅乾等
烘焙糕點。

蘭姆葡萄放在廚房紙
巾上面瀝乾水分後再
使用，這麼一來水分
就不會滲透到底座。

Gâteau renversé au parmesan et ananas

11 反烤鳳梨帕馬森乳酪蛋糕

熱帶水果的代表‧鳳梨，也非常適合搭配乳酪蛋糕。
把鳳梨圓片直接鋪在磅蛋糕模具的底部，2片的尺寸剛剛好。
把蛋糕翻過來之後，就成了可愛的反烤乳酪蛋糕。

材 料	18×8×高6cm的磅蛋糕模具1個份

奶油乳酪 … 150g
帕馬森乳酪 … 25g
細砂糖 … 45g
蛋 … 1顆
片栗粉 … ½ 大匙
鮮奶油 … 70㎖
檸檬汁 … 1小匙
鳳梨（罐頭）… 薄片2片

前置作業

- 奶油乳酪以微波爐
  加熱1分鐘，使之軟化。
- 鳳梨用廚房紙巾擦乾水分。
- 將烘焙紙鋪在模具中。
- 烤箱預熱至160℃。

1 將奶油乳酪放入缽盆中，用打蛋器以摩擦碗底的方式攪拌，依照帕馬森乳酪⇒細砂糖的順序加入缽盆中，每次加入時都要以摩擦碗底的方式攪拌。再依照蛋⇒片栗粉⇒鮮奶油⇒檸檬汁的順序加入缽盆中，每次加入時都要一圈一圈地攪拌。

2 把鳳梨排列在模具的底部，然後倒入 1，以160℃的烤箱烘烤40分鐘左右。放涼之後脫模，放在冷藏室中冷卻一個晚上。

鳳梨片不切開，以完整的2片鋪在模具的底部。把蛋糕翻過來之後盛盤，呈現出的鳳梨圓片很可愛。

Gâteau au fromage, chocolat et cerises noires

12 巧克力黑櫻桃烤乳酪蛋糕

使用苦味較少的甜味巧克力，
做出不會太過濃厚的味道。

Gâteau au fromage bleu et à la banane

13 香蕉
藍紋乳酪蛋糕

烘烤過後會變甜的香蕉，
和藍紋乳酪的鹹味複雜地混合在一起。

Gâteau au fromage bleu et aux écorces de citron

14 糖漬檸檬皮
藍紋乳酪蛋糕

這是有點令人意想不到的組合，
與檸檬的酸味不可思議地非常契合。

Gâteau au fromage, chocolat et cerises noires

12 巧克力黑櫻桃烤乳酪蛋糕

巧克力甜點儘管給人有點厚重的印象，但使用苦味較少的甜味巧克力，
就可以做出容易入口的味道。加上黑櫻桃些微的酸味和口感，
清爽的味道以及融於口中的滑順感讓人欲罷不能。
建議大家也可以搭配雪莉酒或班努斯葡萄酒（甜味烈性葡萄酒）。

材料 直徑15cm可卸式圓形模具1個份

奶油乳酪 … 300g
細砂糖 … 60g
蛋 … 2顆
┌ 烘焙用巧克力（甜味）… 60g
└ 鮮奶油 … 140mℓ
黑櫻桃（罐頭）… 18顆（1罐）

前置作業

- 巧克力切碎之後，加進以微波爐
  加熱1分30秒的鮮奶油中，
  放置1分鐘後攪拌融化，放涼備用。
- 奶油乳酪以微波爐
  加熱1分30秒，使之軟化。
- 黑櫻桃用廚房紙巾擦乾水分。
- 將烘焙紙鋪在模具中。
- 烤箱預熱至170℃。

1 將奶油乳酪放入缽盆中，用打蛋器以摩擦碗底的方式攪拌，然後加入細砂糖繼續攪拌。依照蛋（一次1顆）⇒已經融化的巧克力（攪拌一下）的順序加入缽盆中，每次加入時都要一圈一圈地攪拌。

2 在模具的底部，沿著邊緣擺放黑櫻桃，然後倒入 *1*，以170℃的烤箱烘烤45分鐘左右。放涼之後脫模，放在冷藏室中冷卻一個晚上。

＊這款乳酪蛋糕不加粉類，利用巧克力凝聚在一起，所以會較為柔軟一些。

[烘焙用巧克力]
可可含量56%，呈薄片狀，不需要花工夫切碎，融在嘴裡的口感滑順。不像苦巧克力那麼苦，非常適合搭配乳酪。「調味巧克力薄片　甜味」（富）⇒購買處請參照第88頁。

[黑櫻桃罐頭]
使用已經去籽的糖漬紫櫻桃製作，甜味和酸味達到絕妙平衡。也非常適合搭配巧克力。

將巧克力切碎之後，加進以微波爐加熱過的鮮奶油之中，放置1分鐘等待融合，再以刮刀攪拌融化。沒有大塊的巧克力之後，稍微殘留一些細小顆粒也沒關係。

● 如果要用奶油乳酪200g製作的話……

奶油乳酪200g、細砂糖40g、蛋1又⅓顆份、烘焙用巧克力40g、
鮮奶油95mℓ、黑櫻桃（罐頭）18顆⇒以170℃的烤箱烘烤45分鐘左右。

Gâteau au fromage bleu et à la banane

13 香蕉藍紋乳酪蛋糕

甜味扎實的香蕉與帶有鹹味的藍紋乳酪最為速配。加熱之後變得濃稠香甜的香蕉，
與藍紋乳酪的鹹味、黴感。將餘味悠長的兩種特色混合在一起，創造出複雜的美味。

材 料

直徑15cm可卸式
圓形模具1個份

奶油乳酪 … 240g
藍紋乳酪 … 60g
細砂糖 … 45g
蜂蜜 … 45g
蛋 … 2顆
片栗粉 … 1大匙
鮮奶油 … 140㎖
檸檬汁 … ½大匙
香蕉 … 約⅔根（淨重70g）

前置作業

● 奶油乳酪以微波爐
　加熱1分20秒，使之軟化。
● 香蕉切成厚5㎜的圓片。
● 將烘焙紙鋪在模具中。
● 烤箱預熱至160℃。

● 如果要用奶油乳酪200g製作的話……

奶油乳酪200g、藍紋乳酪50g、細砂糖35g、蜂蜜40g、
蛋1又⅔顆份、片栗粉2又½小匙、鮮奶油115㎖、檸檬汁1又½小匙、
香蕉60g⇒以160℃的烤箱烘烤50分鐘左右。

1　將奶油乳酪放入鉢盆中，用打蛋器以摩擦碗底的方式攪拌，依照藍紋乳酪⇒細砂糖⇒蜂蜜的順序加入鉢盆中，每次加入時都要以摩擦碗底的方式攪拌。再依照蛋（一次1顆）⇒片栗粉⇒鮮奶油⇒檸檬汁的順序加入鉢盆中，每次加入時都要一圈一圈地攪拌。

2　倒入模具中，將香蕉放在整體的上面，以160℃的烤箱烘烤50分鐘左右。放涼之後脫模，放在冷藏室中冷卻一個晚上。

＊因為有香蕉的水分，所以這款乳酪蛋糕會較為柔軟一些。

Gâteau au fromage bleu et aux écorces de citron

14 糖漬檸檬皮藍紋乳酪蛋糕

理應與藍紋乳酪很對味的水果，一旦要做成乳酪蛋糕時，就會稍嫌不足……。
與糖漬檸檬皮的組合其實有點意外，所以當發現兩種味道很契合時令我非常開心。

材 料

直徑15cm可卸式
圓形模具1個份

奶油乳酪 … 240g
藍紋乳酪 … 60g
細砂糖 … 50g
蜂蜜 … 50g
蛋 … 2顆
片栗粉 … 1大匙
鮮奶油 … 160㎖
檸檬汁 … ½大匙
糖漬檸檬皮（切成碎末）
　　… 30g

前置作業

● 奶油乳酪以微波爐
　加熱1分20秒，使之軟化。
● 將烘焙紙鋪在模具中。
● 烤箱預熱至160℃。

● 如果要用奶油乳酪200g製作的話……

奶油乳酪200g、藍紋乳酪50g、
細砂糖40g、蜂蜜40g、蛋1又⅔顆份、
片栗粉2又½小匙、鮮奶油135㎖、
檸檬汁1又½小匙、糖漬檸檬皮25g
⇒以160℃的烤箱烘烤45分鐘左右。

1　將奶油乳酪放入鉢盆中，用打蛋器以摩擦碗底的方式攪拌，依照藍紋乳酪⇒細砂糖⇒蜂蜜的順序加入鉢盆中，每次加入時都要以摩擦碗底的方式攪拌。再依照蛋（一次1顆）⇒片栗粉⇒鮮奶油⇒檸檬汁的順序加入鉢盆中，每次加入時都要一圈一圈地攪拌。

2　將糖漬檸檬皮撒在模具的底部，然後倒入 *1*，以160℃的烤箱烘烤45分鐘左右。放涼之後脫模，放在冷藏室中冷卻一個晚上。

[糖漬檸檬皮]
將成熟檸檬的外皮切碎之後，以砂糖和洋酒慢慢醃漬而成。建議使用大小剛好，含有適度水分的糖漬檸檬皮。

Gâteau au fromage, rhum et pâte
de haricots rouges

15 紅豆蘭姆酒烤乳酪蛋糕

使用相當適合搭配日式素材的黑糖，增添濃郁的甜味。

Gâteau au fromage new-yorkais,
thé matcha et marrons

16 抹茶栗子紐約乳酪蛋糕

在法國也非常受歡迎的抹茶甜點，使用的栗子是澀皮煮。

Gâteau au fromage, rhum et pâte de haricots rouges

15 紅豆蘭姆酒烤乳酪蛋糕

將紅豆餡和奶油乳酪這種受歡迎的組合稍加變化。
底座有無花果乾粒粒分明的口感、核桃的香氣和酥脆感，
再加上蘭姆酒，使味道更加鮮明。
如果想要做出適合成年人的口味，蘭姆酒可以增加到2大匙。

材料　直徑15cm可卸式圓形模具1個份

奶油乳酪 … 300g
黑糖（粉末狀） … 50g
蛋 … 2顆
片栗粉 … 1大匙
鮮奶油 … 160ml
檸檬汁 … ½大匙

> 紅豆沙餡（或紅豆餡） … 120g
> 蘭姆酒 … 2小匙
> 無花果乾 … 35g
> 核桃 … 20g

前置作業

• 核桃以預熱至160℃的烤箱
　空烤8分鐘，與無花果乾
　一起切成1.5cm的小丁。
• 奶油乳酪以微波爐
　加熱1分30秒，使之軟化。
• 將烘焙紙鋪在模具的底部。
• 烤箱預熱至170℃。

● 如果要用奶油乳酪200g製作的話……

奶油乳酪200g、黑糖35g、蛋1又⅓顆份、
片栗粉2小匙、鮮奶油110ml、
檸檬汁1小匙、紅豆沙餡80g、
蘭姆酒1又⅓小匙、無花果乾25g、
核桃15g⇒以170℃的烤箱烘烤40分鐘左右。

1　將紅豆沙餡、蘭姆酒放入缽盆中用橡皮刮刀壓拌均勻，然後放入模具的底部，周圍保留1cm的距離，用手鋪平。整體撒上無花果乾、核桃，用手按壓使之與紅豆沙餡融合。在模具的側面鋪上烘焙紙。

2　將奶油乳酪放入缽盆中，用打蛋器以摩擦碗底的方式攪拌，然後加入細砂糖繼續攪拌。依照蛋（一次1顆）⇒片栗粉⇒鮮奶油⇒檸檬汁的順序加入缽盆中，每次加入時都要一圈一圈地攪拌。

3　倒入模具中，以170℃的烤箱烘烤40分鐘左右。放涼之後脫模，放在冷藏室中冷卻一個晚上。

[紅豆沙餡]
使用精選北海道產的紅豆，可以感受到紅豆香氣和柔和甜味，口感滑順。扎實的香氣也很適合搭配西式甜點。（富）⇒購買處請參照第88頁。

[無花果乾]
土耳其產的大顆無花果，果肉柔軟濕潤，粒粒分明的口感非常美味。「土耳其產大顆無花果乾」（富）⇒購買處請參照第88頁。

紅豆沙餡與蘭姆酒混合之後，用手在模具的底部鋪平。周圍保留1cm的距離是為了防止烘烤時紅豆沙餡黏在模具上變得不易脫模。

將無花果乾、核桃撒在紅豆沙餡上面，用手按壓讓它們稍微嵌入紅豆沙餡中。因為會黏住，所以側面的烘焙紙在這個步驟之後才鋪進去。

16 抹茶栗子紐約乳酪蛋糕

抹茶如今在日本以外的地方也深受喜愛，抹茶甜點於法國也大受歡迎。
加入圓滾滾的栗子澀皮煮，它的甜味會突顯出抹茶清爽的苦味，
而酸奶油的酸味則使餘味清爽俐落。
在最後潤飾時，也可以用切碎的栗子澀皮煮做點綴。

| 材 料 | 直徑15cm可卸式圓形模具1個份 |

奶油乳酪 … 200 g
酸奶油 … 100 g
細砂糖 … 60 g
蛋 … 1顆
| 抹茶 … ½大匙
| 片栗粉 … 1大匙
鮮奶油 … 140mℓ
市售的栗子澀皮煮（或甘露煮）… 8顆

前置作業

• 奶油乳酪以微波爐
　加熱1分鐘，使之軟化。
• 將抹茶和片栗粉放入較小的缽盆中，
　以叉子一圈一圈地攪拌後備用。
• 栗子用廚房紙巾擦乾水分之後，
　縱切成一半。
• 將烘焙紙鋪在模具中，
　模具的底部要包覆2層鋁箔紙。
• 烤箱預熱至170℃。

1 將奶油乳酪放入缽盆中，用打蛋器以摩擦碗底的方式攪拌，依照酸奶油⇒細砂糖的順序加入缽盆中，每次加入時都要以摩擦碗底的方式攪拌。再依照蛋⇒抹茶＋片栗粉⇒鮮奶油的順序加入缽盆中，每次加入時都要一圈一圈地攪拌。

2 在模具的底部沿著邊緣擺放栗子，然後倒入1，放入烤箱之後，在烤盤裡倒入熱水至1～2cm的高度，以170℃烘烤50～55分鐘（如果熱水變少了要追加熱水）。放涼之後脫模，放在冷藏室中冷卻一個晚上。

[烘焙用抹茶]
以日本國產茶葉100%製作而成的烘焙用抹茶。特色是比一般的抹茶研磨得更細緻，很容易均勻地拌入麵糊裡面。（富）⇒購買處請參照第88頁。

[栗子澀皮煮]
保留栗子的澀皮慢慢炊煮而成，連中心都很入味，非常美味。真空包裝的產品容易使用又方便。「栗子澀皮煮　真空包裝」（富）⇒購買處請參照第88頁。

Gâteau au fromage bleu
et aux pruneaux

17 洋李藍紋乳酪蛋糕

將洋李與香料一起用紅酒燉煮，
然後搭配上藍紋乳酪糊。

Gâteau au camembert et aux pommes façon crumble

18 蘋果奶酥卡蒙貝爾乳酪蛋糕

法國・卡蒙貝爾村是蘋果的產地。與卡蒙貝爾乳酪搭配是相當常見的組合。

Gâteau au fromage bleu et aux pruneaux

17 洋李藍紋乳酪蛋糕

將洋李乾與肉桂、八角一起以紅酒快速地煮一下，
再搭配上藍紋乳酪。剩下的煮汁可以加進藍紋乳酪糊中，
也推薦大家佐以帶有果香的紅酒（梅洛、格那希）或
帶有香料味的紅酒（希哈）慢慢地品嚐。

材料 直徑15cm可卸式圓形模具1個份

奶油乳酪 … 240 g
藍紋乳酪 … 60 g
細砂糖 … 50 g
蜂蜜 … 50 g
蛋 … 2顆
片栗粉 … 1大匙
鮮奶油 … 160㎖
檸檬汁 … ½大匙
【紅酒煮洋李】
　洋李乾（無籽）… 100 g
　紅酒 … 60㎖
　肉桂棒 … ½根
　八角（整顆）… ½顆

前置作業

• 奶油乳酪以微波爐
　加熱1分20秒，使之軟化。
• 將烘焙紙鋪在模具中。

1　製作紅酒煮洋李。將材料全部放入鍋子中開火加熱，煮沸之後以中火煮2～3分鐘，直到水分幾乎收乾為止。就這樣放涼。將烤箱預熱至160℃。

2　將奶油乳酪放入缽盆中，用打蛋器以摩擦碗底的方式攪拌，依照藍紋乳酪⇒細砂糖⇒蜂蜜的順序加入缽盆中，每次加入時都要以摩擦碗底的方式攪拌。再依照蛋（一次1顆）⇒片栗粉⇒鮮奶油⇒檸檬汁⇒1的煮汁（有的話）的順序加入缽盆中，每次加入時都要一圈一圈地攪拌。

3　將1的洋李切成一半，在模具的底部沿著邊緣擺放，然後倒入2，以160℃的烤箱烘烤45～50分鐘。放涼之後脫模，放在冷藏室中冷卻一個晚上。

紅酒煮洋李是將材料放入鍋子中，以中火煮2～3分鐘直到幾乎收乾為止便完成了。就這樣放涼，如果有煮汁殘留，就加入藍紋乳酪糊中。

將紅酒煮洋李切成一半，然後在模具的底部沿著邊緣繞一圈擺放。因為煮到幾乎收乾了，所以不擦乾也沒關係。

● 如果要用奶油乳酪200g製作的話……

奶油乳酪200 g、藍紋乳酪50 g、細砂糖40 g、蜂蜜40 g、蛋1又⅔顆份、片栗粉2又½小匙、
鮮奶油135㎖、檸檬汁1又½小匙、【紅酒煮洋李】洋李乾85 g、紅酒50㎖、
肉桂棒½根、八角（整顆）½顆⇒以160℃的烤箱烘烤45～50分鐘。

Gâteau au camembert et aux pommes façon crumble

18 蘋果奶酥卡蒙貝爾乳酪蛋糕

因為直接使用新鮮的蘋果，所以非常簡單。烘烤時會滲出果汁，讓蛋糕變得濕潤，
保留恰到好處的口感。上面則擺放加了香料的奶酥。
烤好的隔天奶酥會很酥脆，我喜歡在那個時候享用。
至於搭配的飲品，個人推薦卡蒙貝爾村的蘋果氣泡酒‧西打酒。

材料　直徑12cm可卸式圓形模具1個份

卡蒙貝爾乳酪 … 1個（100g）
奶油乳酪 … 140g
細砂糖 … 30g
蛋 … 1顆
片栗粉 … 1小匙
鮮奶油 … 2大匙
檸檬汁 … 1小匙
【內餡】
　蘋果 … 約⅙顆（淨重40g）
　細砂糖 … ½小匙
　肉桂粉 … ¼小匙
　檸檬汁 … ¼小匙
【奶酥】
　米製粉（烘焙用粉，或低筋麵粉）
　　… 10g
　杏仁粉 … 10g
　奶油（無鹽）… 10g
　細砂糖 … 10g
　肉桂粉 … ¼小匙
　丁香粉 … ⅛小匙

前置作業

- 奶油乳酪以微波爐
　加熱1分鐘，使之軟化。
- 蘋果去皮之後
　切成3mm厚的扇形。
- 將烘焙紙鋪在模具中。

1　製作奶酥。將材料全部放入缽盆中，用手指把奶油搓散，奶油變成小顆粒之後，用雙手搓摩，讓整體均勻混合成肉鬆狀。放在冷藏室中靜置15分鐘。將烤箱預熱至170℃。

2　將卡蒙貝爾乳酪呈放射狀切成4等分，再分別將厚度切半，將外皮朝下，鋪滿模具的底部。

3　將奶油乳酪放入缽盆中，用打蛋器以摩擦碗底的方式攪拌，然後加入細砂糖繼續攪拌。依照蛋⇒片栗粉⇒鮮奶油⇒檸檬汁的順序加入缽盆中，每次加入時都要一圈一圈地攪拌。

4　把蘋果擺在底座的卡蒙貝爾乳酪上面，正中央稍微留出空間，再依照順序撒上細砂糖、肉桂粉、檸檬汁。倒入3，再將1的奶酥輕輕弄散，撒在上面，以170℃的烤箱烘烤35分鐘左右。放涼之後脫模，放在冷藏室中冷卻一個晚上。

奶酥是將材料全部放入缽盆中，用手指把奶油搓散，讓整體均勻混合。為了不讓奶油融化，最好在使用之前都放在冷藏室中冷卻備用。

奶油變成小顆粒之後用雙手搓摩，讓整體更加均勻混合。之後再稍微抓成肉鬆狀，放在冷藏室中靜置15分鐘。

使用的時候一邊用手輕輕弄散，讓它變成較大塊的肉鬆狀，一邊撒在整個奶油乳酪糊的上面。

把蘋果擺在底座的卡蒙貝爾乳酪上面，正中央稍微留出空間，再撒上細砂糖、肉桂粉、檸檬汁。空出正中央是為了在烘烤完成之後容易切開。

Gâteaux aux fromages divers européens

各式乳酪和歐洲的烤乳酪蛋糕

本章將介紹使用荷蘭、英國、法國的半硬質與硬質乳酪做成的乳酪蛋糕。
請務必搭配可以充分感受到乳酪美味的咖啡、紅茶或葡萄酒享用。
歐洲的乳酪蛋糕則將介紹德國、波蘭、法國等地所製作的蛋糕。
不論哪一種蛋糕都相當簡單，似乎每個家庭都有代代相傳的獨家配方。

Gâteau au gouda et aux noix

01 豪達乳酪堅果烤乳酪蛋糕

在味道溫和、容易入口的豪達乳酪上面，擺放了三種堅果。

Gâteau au cheddar
et aux abricots

02 切達乳酪杏桃
烤乳酪蛋糕

使用紅切達乳酪做成的橙色蛋糕。
搭配同為橙色的杏桃。

Gâteau au gouda et aux noix

01 豪達乳酪堅果烤乳酪蛋糕

使用誕生於荷蘭之豪達乳酪製作而成的乳酪蛋糕。
擺滿大量的堅果，烘烤完成時，豪達乳酪的香氣會一下子飄散開來。
烘烤完成後過2～3天，味道會更加融合，非常美味，
但是如果想品嚐到堅果脆脆的口感，建議隔天就要享用。

材料　直徑12cm可卸式圓形模具1個份

奶油乳酪 … 100g
細砂糖 … 50g
蛋 … 1顆
片栗粉 … 2小匙
檸檬汁 … 1小匙
　豪達乳酪 … 80g
　鮮奶油 … 90mℓ
核桃 … 20g
杏仁（整顆）… 15g
開心果 … 6顆

前置作業

• 豪達乳酪切成5mm的小丁之後
　加入鮮奶油中，以微波爐
　加熱1分30秒使之融化，放涼備用。
• 奶油乳酪以微波爐
　加熱40秒，使之軟化。
• 核桃切成4等分，杏仁切成3等分。
• 將烘焙紙鋪在模具中。
• 烤箱預熱至160℃。

1　將奶油乳酪放入缽盆中，用打蛋器以摩擦碗底的方式攪拌，然後加入細砂糖繼續攪拌。依照蛋⇒片栗粉⇒檸檬汁⇒融化的豪達乳酪（攪拌一下）的順序加入缽盆中，每次加入時都要一圈一圈地攪拌。

2　倒入模具中，再將堅果撒在整體上面，以160℃的烤箱烘烤35分鐘左右。放涼之後脫模，放在冷藏室中冷卻一個晚上。

＊建議在烘烤25分鐘之後更換烤盤的前後位置，以免烤色不均勻。
＊烘烤完成後經過2～3天，味道熟成之後會更加美味。

[豪達乳酪]
荷蘭的半硬質乳酪。富有彈性、質地柔軟、沒有怪味，味道溫和。用來當作加工乳酪的原料。表面的蠟皮不能吃，所以要切除之後再使用。

[堅果]
輕盈口感深具魅力，核桃和杏仁使用的是美國加州產之生堅果。「無皮生開心果」因其漂亮的程度而有綠鑽石之稱，以具有深度的香氣為特徵。全部的堅果（富）⇒購買處請參照第88頁。

豪達乳酪切成5mm的小丁之後加入鮮奶油中，以微波爐加熱使之融化。沒有完全融化的狀態能夠呈現出味道的濃淡和外觀的深淺。

Gâteau au cheddar et aux abricots

02 切達乳酪杏桃烤乳酪蛋糕

誕生於英國的切達乳酪有白色和紅色兩種。
使用紅切達乳酪的話，就會變成橙色的蛋糕，相當可愛。
切面會露出一點同樣是橙色的杏桃乾。
把有著清爽酸味的年輕切達乳酪，以及酸酸甜甜的杏桃乾組合在一起。

材 料	直徑12㎝可卸式圓形模具1個份

奶油乳酪 … 100g
細砂糖 … 50g
蛋 … 1顆
片栗粉 … 2小匙
檸檬汁 … 1小匙
　切達乳酪 … 80g
　鮮奶油 … 90㎖
杏桃乾 … 6個（65g）

前置作業

• 切達乳酪切成5㎜的小丁之後
　加入鮮奶油中，以微波爐
　加熱1分30秒使之融化，放涼備用。
• 奶油乳酪以微波爐
　加熱40秒，使之軟化。
• 杏桃乾切成4等分。
• 將烘焙紙鋪在模具中。
• 烤箱預熱至160℃。

1　將奶油乳酪放入鉢盆中，用打蛋器以摩擦碗底的方式攪拌，然後加入細砂糖繼續攪拌。依照蛋⇒片栗粉⇒檸檬汁⇒融化的切達乳酪（攪拌一下）的順序加入鉢盆中，每次加入時都要一圈一圈地攪拌。

2　先將杏桃乾撒在模具的底部，然後倒入 1，以160℃的烤箱烘烤35分鐘左右。放涼之後脫模，放在冷藏室中冷卻一個晚上。

[切達乳酪]
英國的半硬質乳酪。
具有像堅果一樣的香
醇味道，也可以用來
製作歐姆蛋和吐司。
以胭脂樹紅色素染色
的橙色切達乳酪稱為
紅切達乳酪。

[杏桃乾]
土耳其產的杏桃乾，
果肉較厚，口感相當
柔軟。酸味溫和很容
易入口。「杏桃乾
土耳其產」（富）⇒
購買處請參照第88
頁。

杏桃乾切成較大塊的4
等分，撒在整個模具
的底部。這個時候中
央稍微留點空間，烘
烤完成之後比較容易
切開。

Gâteau au comté et aux noix

03 康堤乳酪核桃
烤乳酪蛋糕

在加入康堤乳酪的奶油乳酪糊上面，
也擺放康堤乳酪後再烘烤，
做出可以品嚐到不同風味的濃郁康堤乳酪蛋糕。

Käsekuchen

04 德國乳酪蛋糕

這是德國的乳酪蛋糕，
除了蛋糕店和麵包店之外，
也是一般家庭經常製作的蛋糕。

Gâteau au comté et aux noix

03 康堤乳酪核桃烤乳酪蛋糕

我在法國研習時，寄宿家庭的媽媽出生於康堤乳酪的產地「法蘭琪‧康堤大區」，
她經常用康堤乳酪、核桃和蜂蜜做沙拉給我吃。
對我來說，那正是媽媽的味道。烘烤時蓋上鋁箔紙，沒烤出烤色的康堤乳酪味道並不重。
如果不蓋上鋁箔紙、烤出焦色的話，就能品嚐到康堤乳酪扎實的味道。

材 料	直徑12cm可卸式圓形模具1個份

奶油乳酪 … 120g
細砂糖 … 25g
蜂蜜 … 25g
蛋 … 1顆
片栗粉 … 2小匙
　康堤乳酪 … 40g
　鮮奶油 … 90mℓ
核桃 … 10g
康堤乳酪 … 20g

前置作業

- 康堤乳酪40g切成5mm的小丁之後
  加入鮮奶油中，以微波爐
  加熱1分30秒使之融化，放涼備用。
- 奶油乳酪以微波爐
  加熱40秒，使之軟化。
- 將頂飾配料用的康堤乳酪20g切細碎。
- 核桃用手剝成4等分。
- 將烘焙紙鋪在模具中。
- 烤箱預熱至160℃。

1　將奶油乳酪放入缽盆中，用打蛋器以摩擦碗底的方式攪拌，依照細砂糖⇒蜂蜜的順序加入缽盆中，每次加入時都要以摩擦碗底的方式攪拌。再依照蛋⇒片栗粉⇒融化的康堤乳酪（攪拌一下）的順序加入缽盆中，每次加入時都要一圈一圈地攪拌。

2　倒入模具中，在邊緣擺放核桃，中央擺放切碎的康堤乳酪，以160℃的烤箱烘烤10分鐘，蓋上鋁箔紙之後烘烤20分鐘左右。放涼之後脫模，放在冷藏室中冷卻一個晚上。

[康堤乳酪]
法國的硬質乳酪。熟成5～6個月的年輕乳酪是乳白色的，味道溫和。熟成一年以上的味道會很濃厚。年輕的乳酪適合搭配紅茶，熟成較久的乳酪與咖啡也很對味。

將康堤乳酪糊倒入模具中之後，在邊緣擺放一圈核桃，中央擺放切碎的康堤乳酪，然後烘烤。核桃如果剁得太小顆粒會下沉，請注意。

如果不蓋上鋁箔紙，以160℃的烤箱烘烤30分鐘的話，擺在上面的康堤乳酪會烤出焦色，變得脆脆的，香氣更加濃郁。只要更改一下烘烤方式就可以享用到2種不同的味道。

04 德國乳酪蛋糕

德文Käse是「乳酪」，kuchen是「蛋糕」的意思。
在德國是使用新鮮乳酪「夸克」，
一種帶有酸味、像是優格一樣的乳酪來製作，烘烤成大大的四方形。
這裡是使用性質相當的水切優格取代夸克乳酪來製作。

| 材 料 | 直徑12cm可卸式圓形模具1個份 |

原味優格 … 300g

奶油乳酪 … 40g

細砂糖 … 50g

鹽 … 1撮

蛋 … 1顆

片栗粉 … 1又½大匙

鮮奶油 … 50㎖

檸檬汁 … 1大匙

前置作業

• 將優格放在網篩上，放在冷藏室
  一個晚上瀝乾水分，準備150g的分量。

• 奶油乳酪以微波爐
  加熱20秒，使之軟化。

• 將烘焙紙鋪在模具中。

• 烤箱預熱至170℃。

1 將水切優格、奶油乳酪放入鉢盆中，用打蛋器以摩擦碗底的方式攪拌，再加入細砂糖和鹽繼續攪拌。依照蛋⇒片栗粉⇒鮮奶油⇒檸檬汁的順序加入鉢盆中，每次加入時都要一圈一圈地攪拌。

2 倒入模具中，以170℃的烤箱烘烤35分鐘左右。放涼之後脫模，放在冷藏室中冷卻一個晚上。

＊德國的甜點多半會加入鹽，不過不加鹽也OK。

將原味優格放在網篩上，底下疊著鉢盆，放在冷藏室一個晚上瀝乾水分，準備150g的分量。如果優格似乎要接觸到底下的水分，只要用2個網篩疊在一起就可以了。

Sernik

05 波蘭乳酪蛋糕

波蘭的乳酪蛋糕，
似乎是現今乳酪蛋糕的原型。

Fiadone

06 科西嘉乳酪蛋糕

法國・科西嘉島知名的乳酪蛋糕。
使用麗可塔乳酪，烤成小小的蛋糕。

Sernik

05 波蘭乳酪蛋糕

據說這種糕點是現今乳酪蛋糕的原型，經猶太人之手流傳到美國。
在波蘭是使用新鮮乳酪「奶渣乳酪（Twaróg）」來製作，
不過這裡是使用較容易取得的茅屋乳酪。在茅屋乳酪帶點粗澀的口感中，
加入蛋白霜做出輕盈的味道。放進葡萄乾製作也是很普遍的做法。

| 材 料 | 直徑12cm可卸式圓形模具1個份 |

奶油乳酪 … 40g
細砂糖 … 30g
蛋黃 … 1顆份
香草油 … 少許
片栗粉 … 1又½大匙
茅屋乳酪（過濾式）… 150g
牛奶 … 50mℓ
檸檬汁 … 1大匙
【蛋白霜】
　蛋白 … 1顆份
　細砂糖 … 20g

前置作業

• 奶油乳酪以微波爐
　加熱20秒，使之軟化。
• 將烘焙紙鋪在模具中。
• 烤箱預熱至170℃。

[茅屋乳酪]
以去除生乳中乳脂肪
成分的脫脂奶為原料
製成的乳酪。沒有特
殊味道、風味清爽。
如果要製作乳酪蛋糕
的話，請選用質地滑
順的過濾式茅屋乳酪
較佳。

1 將奶油乳酪放入缽盆中，用打蛋器以摩擦碗底的方式攪
　拌，然後加入細砂糖繼續攪拌。依照蛋黃和香草油⇒片
　栗粉⇒茅屋乳酪（分成3次）⇒牛奶⇒檸檬汁的順序加入
　缽盆中，每次加入時都要一圈一圈地攪拌。
　＊因為茅屋乳酪糊很重，所以使用手持式電動攪拌機攪拌也無妨。

2 製作蛋白霜。將蛋白放入另一個缽盆中，用手持式電動
　攪拌機以高速打發，再將細砂糖分成3次加入，打成尖角
　的前端彎曲下垂、稍微軟一點的蛋白霜。

3 將2的蛋白霜分成3次加入1之中，每次加入時都要用打
　蛋器一圈一圈地攪拌。

4 倒入模具中，以170℃的烤箱烘烤35分鐘左右。放涼之
　後脫模，放在冷藏室中冷卻一個晚上。
　＊因為加入了蛋白霜，會先鬆軟地膨脹起來，之後再消下去，所以做出
　來的蛋糕上面形狀會上下起伏。

蛋白用手持式電動攪
拌機以高速打發，打
散之後加入少許的細
砂糖，打到慢慢開始
起泡時加入半量的細
砂糖。

氣泡開始變細緻、膨
起來時，加入剩餘的
細砂糖，然後繼續打
發。

打成舀起時尖角的前
端彎曲下垂，稍微軟
一點的蛋白霜。最後
以低速攪拌，調整質
地。

Fiadone

06 科西嘉乳酪蛋糕

在發源地法國‧科西嘉島是使用羊奶的新鮮乳酪「布洛丘乳酪（Brocciu）」來製作。
以很少的材料就能輕鬆完成，是有著媽媽的味道、深受歡迎的蛋糕。
在日本，可以購買到布洛丘乳酪的時期是2～4月。如果買到了，請嘗試製作這款蛋糕看看。
屆時不加入片栗粉也OK。可以品嚐到只有羊奶才具有的濃稠滋味。

| 材 料 | 直徑6cm的紙杯模具4個份 |

麗可塔乳酪 … 100g
細砂糖 … 20g
蛋黃 … 1顆份
磨碎的檸檬皮（無蠟的檸檬）
　　… ½ 顆份
片栗粉 … 1大匙
【蛋白霜】
　蛋白 … 1顆份
　細砂糖 … 10g

| 前置作業 |

● 烤箱預熱至200℃。

1 將麗可塔乳酪放入缽盆中，用打蛋器以摩擦碗底的方式攪拌，然後加入細砂糖繼續攪拌。依照蛋黃和檸檬皮⇒片栗粉的順序加入缽盆中，每次加入時都要一圈一圈地攪拌。

2 製作蛋白霜。將蛋白放入另一個缽盆中，用手持式電動攪拌機以高速打發，再將細砂糖分成2次加入，打成尖角的前端彎曲下垂、稍微軟一點的蛋白霜。

3 將2的蛋白霜的 ⅓ 量加入1之中，用打蛋器一圈一圈地攪拌，再將剩餘的蛋白霜分2次加入，每次加入時都要用橡皮刮刀輕輕翻拌。

4 倒入模具中，以200℃的烤箱烘烤12分鐘左右。放涼之後，放在冷藏室中冷卻一個晚上。

＊也推薦大家淋一點義大利檸檬香甜酒（Limoncello）之後再享用。
＊使用2倍的材料，倒入直徑14cm的圓形蛋糕模具（Moule à Manqué）中，以200℃的烤箱烘烤20分鐘，烤出質地濕潤的蛋糕也很美味。

[麗可塔乳酪]
麗可塔乳酪的義大利原文為Ricotta，是「再煮一次」的意思，也就是熬煮乳清製作而成的乳酪。質地柔滑且低脂，帶有微微的甜味，口感很清爽。

把蛋白打發成豎起時尖角的前端彎曲下垂，稍微軟一點的蛋白霜。最後以低速攪拌，調整質地。

[義大利檸檬香甜酒]
這是義大利南部‧卡布里島上的傳統餐後酒，酒精濃度高達30度以上，是一種可以享受到地中海檸檬香氣的香甜酒。原本是各個家庭利用庭院裡的檸檬來製作，似乎就有如日本的梅酒一樣。

Gâteaux soufflés et gâteaux crus au fromage

Chapitre 3

舒芙蕾&生乳酪蛋糕

鬆軟濃稠的舒芙蕾乳酪蛋糕，和味道清爽的生乳酪蛋糕。
我為兩者設計出在輕盈之中可以充分品嚐到乳酪感，具有滿足感的食譜。
生乳酪蛋糕方面，將為大家介紹只以明膠冷卻凝固即可完成的簡單乳酪蛋糕，
以及義大利和法國不經烘烤的傳統乳酪蛋糕。
融於口中的冰涼、清爽感，也非常適合當作餐後的甜點。

Gâteau soufflé au fromage

基本的
舒芙蕾乳酪蛋糕

因為沒有使用鮮奶油和酸奶油來製作，所以可以做出輕盈的口感。

用刀子切下去時，還會發出唰唰唰的聲音。

話雖如此，這份食譜奶油乳酪的風味依然濃厚，吃起來很有飽足感。

烘烤時的重點在於，模具的側面和烘焙紙上都要塗抹奶油。

此外，過了20分鐘之後每隔10分鐘都要打開烤箱門讓蒸氣散掉，這樣就不易產生裂痕。

| 材 料 | 直徑15cm可卸式圓形模具1個份 |

奶油乳酪 … 220g
細砂糖 … 30g
蛋黃 … 2顆份
片栗粉 … 2大匙
牛奶 … 110㎖
檸檬汁 … 2小匙
【蛋白霜】
　　蛋白 … 2顆份
　　細砂糖 … 40g

| 前置作業 |

● 奶油乳酪以微波爐
　加熱1分鐘，使之軟化。
● 模具塗上奶油之後再鋪上烘焙紙，
　模具的底部要包覆2層鋁箔紙。
● 烤箱預熱至150℃。

將烘焙紙鋪在模具的底部，側面再塗上奶油，然後把烘焙紙接觸奶油乳酪糊這一面先塗上奶油再貼在側面。塗上奶油可以讓膨脹的蛋糕體均等地降下來，做出漂亮的蛋糕。

側面會膨脹起來，所以烘焙紙要比模具高出1cm，因為要隔水加熱蒸烤，所以用2層鋁箔紙包覆模具的底部，以免熱水進入模具中。

● 如果要用奶油乳酪200g製作的話……

奶油乳酪 … 200g	【蛋白霜】
細砂糖 … 25g	蛋白 … 2顆份
蛋黃 … 2顆份	細砂糖 … 40g
片栗粉 … 2大匙	⇒以150℃的烤箱烘烤60分鐘左右。
牛奶 … 100㎖	＊蛋糕的厚度變得稍薄一點也OK。
檸檬汁 … 2小匙	

❶ 依照順序攪拌材料

 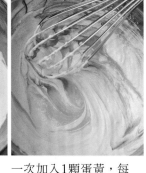

將奶油乳酪放入缽盆中後，用打蛋器以摩擦碗底的方式攪拌至變得滑順。然後加入細砂糖，繼續攪拌至均勻融合。

＊重點在於材料不要攪拌過度。避免打出氣泡。

一次加入1顆蛋黃，每次加入時都要一圈一圈地攪拌。

❸ 加入蛋白霜

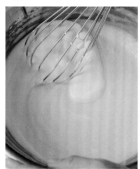 

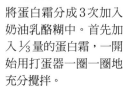

將蛋白霜分成3次加入奶油乳酪糊中。首先加入⅓量的蛋白霜，一開始用打蛋器一圈一圈地充分攪拌。

＊弄破氣泡也沒關係。

加入剩餘蛋白霜一半的量，這次將打蛋器橫著拿，從底部舀起，讓奶油乳酪糊從鐵線之間滴落，以這種方式攪拌。

＊攪拌至白色的紋路消失。

❷ 製作蛋白霜

加入片栗粉之後一圈一圈地攪拌。

＊因為分量很少，所以可以不用過篩。

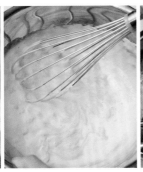

依照牛奶⇒檸檬汁的順序加入鉢盆中，每次加入時都要一圈一圈地攪拌。

將蛋白放入另一個鉢盆中，用手持式電動攪拌機以高速打發。打散之後加入少許的細砂糖，打到慢慢開始起泡時加入半量的細砂糖，繼續打發。

氣泡開始變細緻、膨起來時，加入剩餘的細砂糖，然後繼續打發。

打成舀起時尖角的前端彎曲下垂，稍微軟一點的蛋白霜。最後以低速攪拌，調整質地。

❹ 烘烤

加入剩餘的蛋白霜，最後用橡皮刮刀以從底部往上翻起的方式，輕輕地攪拌，但要充分攪拌以免有蛋白霜的白色紋路殘留。

倒入模具中，如果有氣泡，就用竹籤或手指弄破。

放入烤箱之後，在烤盤裡倒入熱水至1～2㎝的高度（小心燙傷），然後以150℃烘烤60分鐘左右。

＊中途如果熱水變少了要追加熱水。

過了20分鐘之後每隔10分鐘都要打開烤箱門5秒鐘左右再關上，重複進行這個步驟，蛋糕就不易產生裂痕。放涼之後脫模，放在冷藏室中冷卻一個晚上。

＊烘烤完成後經過2～3天，味道熟成之後會更加美味。

Gâteau cru au fromage
基本的生乳酪蛋糕

加入明膠片，放在冷藏室冷卻凝固，屬於不經烘烤類型的乳酪蛋糕。
優格不用瀝乾水分，鮮奶油也不需要打發，
是想做的時候立刻就能完成的簡單配方。
因為沒有使用蛋，所以口感清淡輕盈。
利用優格的酸味，做出清爽舒暢的味道。

| 材 料 | 直徑12cm可卸式圓形模具1個份 |

奶油乳酪 … 100g
細砂糖 … 40g
原味優格 … 50g
鮮奶油 … 100㎖
檸檬汁 … ½ 大匙
　明膠片 … 1又½ 片（3.75g）
　熱水（80℃）… 2大匙
【底座】
　原味餅乾（第11頁）… 4片（35g）＊
　核桃 … 15g＊＊
　奶油（無鹽）… 15g

＊使用「馬利餅」6又½片（35g）等也OK。
那樣的話，奶油的分量要改成30g。
＊＊以預熱至160℃的烤箱空烤8分鐘，然後切碎。

前置作業

● 奶油乳酪以微波爐
　加熱40秒，使之軟化。
● 明膠片泡在冰水中，泡軟之後備用。
● 將烘焙紙鋪在模具的底部。

❶ 製作底座

底座請參照第10頁的方式製作，放入模具的底部，以手指按壓將整體緊實地鋪滿底部，然後放入冷藏室備用。

＊由於邊緣的部分容易潰散，因此要特別壓得緊實一點。

❷ 依照順序攪拌材料

 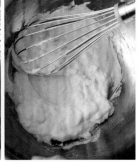

將奶油乳酪放入鉢盆中後，用打蛋器以摩擦碗底的方式攪拌至變得滑順，然後加入細砂糖繼續攪拌。

＊重點在於材料不要攪拌過度。避免打出氣泡。

依照優格⇒鮮奶油⇒檸檬汁的順序加入鉢盆中，每次加入時都要一圈一圈地攪拌。

❸ 加入明膠片

把冰水一點一點加在明膠片上，使其逐漸泡脹。如果用的不是冰水，明膠片很可能會融化，還請留意。

將泡軟的明膠片用力擰乾水分，放入較小的鉢盆中，加入熱水使之融化。

＊熱水先煮滾，然後靜待1～2分鐘，讓熱水降溫至80℃左右。如果使用滾水就會無法凝固，請注意。

加入奶油乳酪糊中，一圈一圈地攪拌。

❹ 冷卻凝固

倒入模具中，如果有氣泡，就用竹籤或手指弄破，放在冷藏室冷卻凝固3小時以上。

從模具中取出時，以熱水浸濕布巾，擰乾之後圍繞在模具的周圍，蛋糕稍微自模具鬆脫之後即可脫模。

Gâteau soufflé au fromage
et aux myrtilles

01 藍莓
舒芙蕾乳酪蛋糕

使用冷凍藍莓製作的話，
一年四季無論何時都可以享用。

Gâteau soufflé au fromage,
miel et citron

02 蜂蜜檸檬
舒芙蕾乳酪蛋糕

檸檬的香氣和酸味擴散開來之後，
留下蜂蜜甘甜的餘味。

Gâteau soufflé au fromage et cacao

03 可可
舒芙蕾乳酪蛋糕

鬆軟濕潤，容易入口，
就像輕盈版的提拉米蘇一樣。

Gâteau soufflé au fromage et aux myrtilles

01 藍莓舒芙蕾乳酪蛋糕

在濕潤輕盈的口感中,有著藍莓清爽的口感和香氣。
使用新鮮的藍莓製作也OK。除了藍莓之外,也可以用自己喜愛的莓果製作。

材 料	直徑15cm可卸式圓形模具1個份
奶油乳酪 … 220g	檸檬汁 … 2小匙
細砂糖 … 30g	【蛋白霜】
蛋黃 … 2顆份	蛋白 … 2顆份
片栗粉 … 2大匙	細砂糖 … 40g
牛奶 … 110ml	冷凍藍莓 … 30顆

前置作業

● 奶油乳酪以微波爐
   加熱1分鐘,使之軟化。
● 藍莓放在廚房紙巾上解凍,擦乾水分。
● 模具塗上奶油之後再鋪上烘焙紙,
   模具的底部要包覆2層鋁箔紙(請參照66頁)。
● 烤箱預熱至150℃。

1 將奶油乳酪放入鉢盆中,用打蛋器以摩擦碗底的方式攪拌,然後加入細砂糖繼續攪拌。依照蛋黃(一次1顆份)⇒片栗粉⇒牛奶⇒檸檬汁的順序加入鉢盆中,每次加入時都要一圈一圈地攪拌。
2 蛋白霜的作法和混合方法與右頁的2、3一樣。
3 在模具的底部沿著邊緣擺放藍莓,再倒入2,放入烤箱之後,在烤盤裡倒入熱水至1~2cm的高度,然後以150℃烘烤60分鐘左右(如果熱水變少了要追加熱水)。放涼之後脫模,放在冷藏室中冷卻一個晚上。

● 如果要用奶油乳酪200g製作的話……
奶油乳酪200g、細砂糖25g、蛋黃2顆份、
片栗粉2大匙、牛奶100ml、檸檬汁2小匙、
【蛋白霜】蛋白2顆份、細砂糖40g、
冷凍藍莓30顆⇒以150℃的烤箱烘烤60分鐘左右。

Gâteau soufflé au fromage, miel et citron

02 蜂蜜檸檬舒芙蕾乳酪蛋糕

舒芙蕾乳酪蛋糕入口即融的輕柔感,與檸檬清爽的酸味十分契合。
由於在奶油乳酪糊中加入了蜂蜜,因此得以烤出漂亮的烤色。最後撒上檸檬皮,增添香氣。

材 料	直徑15cm可卸式圓形模具1個份
奶油乳酪 … 220g	檸檬汁 … 1大匙
蜂蜜 … 30g	【蛋白霜】
蛋黃 … 2顆份	蛋白 … 2顆份
片栗粉 … 2大匙	細砂糖 … 40g
磨碎的檸檬皮(無蠟的檸檬)	最後潤飾用的磨碎的檸檬皮
… ½顆份	(無蠟的檸檬) … 適量
牛奶 … 110ml	

前置作業

● 奶油乳酪以微波爐加熱1分鐘,使之軟化。
● 模具塗上奶油之後再鋪上烘焙紙,
   模具的底部要包覆2層鋁箔紙(請參照66頁)。
● 烤箱預熱至150℃。

1 將奶油乳酪放入鉢盆中,用打蛋器以摩擦碗底的方式攪拌,然後加入蜂蜜繼續攪拌。依照蛋黃(一次1顆份)⇒片栗粉和檸檬皮⇒牛奶⇒檸檬汁的順序加入鉢盆中,每次加入時都要一圈一圈地攪拌。
2 之後的作法與右頁一樣。最後潤飾時撒上磨碎的檸檬皮。

● 如果要用奶油乳酪200g製作的話……
奶油乳酪200g、蜂蜜25g、蛋黃2顆份、
片栗粉2大匙、磨碎的檸檬皮½顆份、
牛奶100ml、檸檬汁1大匙、【蛋白霜】蛋白2顆份、
細砂糖40g⇒以150℃的烤箱烘烤60分鐘左右。

Gâteau soufflé au fromage et cacao

03 可可舒芙蕾乳酪蛋糕

有著濃郁可可味道的乳酪蛋糕，只要改造成舒芙蕾的形式，就能讓沉重感消失，在口中咻地融化，
讓人一口接一口地吃下去。建議大家要享用之前再撒上可可粉，香氣會更加明顯。

材 料　直徑15cm可卸式圓形模具1個份

奶油乳酪 … 220g

細砂糖 … 30g

蛋黃 … 2顆份

　可可粉 … ½大匙
　片栗粉 … 2大匙

牛奶 … 110㎖

【蛋白霜】

　蛋白 … 2顆份

　細砂糖 … 40g

最後潤飾用的可可粉 … 適量

前置作業

• 奶油乳酪以微波爐
　加熱1分鐘，使之軟化。

• 模具塗上奶油之後再鋪上烘焙紙，
　模具的底部要包覆2層鋁箔紙（請參照66頁）。

• 烤箱預熱至150℃。

1 將奶油乳酪放入鉢盆中，用打蛋器以摩擦碗底的方式攪拌，然後加入細砂糖繼續攪拌。依照蛋黃（一次1顆份）⇒可可粉和片栗粉（過篩後加入）⇒牛奶的順序加入鉢盆中，每次加入時都要一圈一圈地攪拌。

2 製作蛋白霜。將蛋白放入另一個鉢盆中，用手持式電動攪拌機以高速打發，將細砂糖分成3次加入，打成舀起時尖角的前端彎曲下垂，稍微軟一點的蛋白霜。

3 將2的蛋白霜分成3次加入1之中，最初的2次用打蛋器攪拌，最後用橡皮刮刀以從底部往上翻起的方式輕輕地攪拌。

4 倒入模具中，放入烤箱之後，在烤盤裡倒入熱水至1～2㎝的高度，然後以150℃烘烤60分鐘左右（如果熱水變少了要追加熱水）。放涼之後脫模，放在冷藏室中冷卻一個晚上。要享用之前再以小濾網撒可可粉。

重點在於要將可可粉和片栗粉混合之後再過篩，加入奶油乳酪糊中。這麼一來，可可粉不會結塊，也不會攪拌不均勻，而且飽含空氣，就可以烤出輕盈的蛋糕。

● 如果要用奶油乳酪200g製作的話……

奶油乳酪200g、細砂糖25g、蛋黃2顆份、可可粉½大匙、片栗粉2大匙、
牛奶100㎖、【蛋白霜】蛋白2顆份、細砂糖40g⇒以150℃的烤箱烘烤60分鐘左右。

Gâteau cru au fromage, miel et prunes salées

04 梅乾蜂蜜生乳酪蛋糕

梅乾醞釀出了初次品嚐到的全新風味，令人相當意外。

Gâteau cru au fromage, chocolat blanc et framboises

05 白巧克力覆盆子生乳酪蛋糕

白巧克力柔和的甜味、
覆盆子酸甜的味道，令人吃完還想再吃。

Gâteau cru au fromage, miel et prunes salées

04 梅乾蜂蜜生乳酪蛋糕

混合蜂蜜之後塗抹在底座上的梅乾，就像味道酸酸甜甜的水果一樣。
蛋糕體本身雖是平淡的原味，但一起入口時就可以嚐到嶄新的滋味。
推薦可以在寒冬時節搭配熱焙茶，或是在因暑熱而產生倦怠感的夏季享用。

【材 料】 直徑12cm可卸式圓形模具1個份

奶油乳酪 … 100g
細砂糖 … 40g
原味優格 … 50g
鮮奶油 … 100mℓ
檸檬汁 … ½大匙
│ 明膠片 … 1又½片（3.75g）
│ 熱水（80℃）… 2大匙
│ 梅乾 … 3個（淨重30g）
│ 蜂蜜 … 10g
【底座】
　原味餅乾（第11頁）… 4片（35g）
　核桃 … 15g＊
　奶油（無鹽）… 15g
＊以預熱至160℃的烤箱空烤8分鐘，然後切碎。

【前置作業】

• 奶油乳酪以微波爐
　加熱40秒，使之軟化。
• 梅乾去籽之後剁碎，再與蜂蜜混合。
• 明膠片泡在冰水中，泡軟之後備用。
• 將烘焙紙鋪在模具的底部。

1　製作底座。將餅乾裝入厚塑膠袋中，以擀麵棍敲打成碎屑。加入核桃、以微波爐加熱30秒融化的奶油，攪拌均勻之後鋪滿模具的底部，放入冷藏室備用。

2　將奶油乳酪放入缽盆中，用打蛋器以摩擦碗底的方式攪拌，然後加入細砂糖繼續攪拌。依照優格⇒鮮奶油⇒檸檬汁⇒加入熱水融化的明膠片的順序加入缽盆中，每次加入時都要一圈一圈地攪拌。

3　在底座的上面塗抹梅乾＋蜂蜜，然後倒入 2，放在冷藏室中冷卻凝固3小時以上。

[梅乾]
使用以紫蘇醃漬日本紀州南高梅的製品，鹽分8％。南高梅的外皮薄，果肉柔軟，所以相當推薦。以蜂蜜醃漬過後，梅子的風味和鹹味會稍嫌不足，請留意。

剁碎的梅乾和蜂蜜攪拌之後，塗抹在整個底座的上面。最好連邊緣都塗滿抹平。

Gâteau cru au fromage, chocolat blanc et framboises

05 白巧克力覆盆子生乳酪蛋糕

以覆盆子扎實的酸甜滋味，突顯出拌入融化白巧克力製作而成的
偏甜乳酪蛋糕。使用新鮮的覆盆子當然也OK。
沿著模具的邊緣繞一圈擺放的覆盆子，切開蛋糕時會露出來，非常可愛。
頂端撒滿刨碎的白巧克力，做出更加討人喜歡的蛋糕。

| 材 料 | 直徑12cm可卸式圓形模具1個份 |

奶油乳酪 … 100g
細砂糖 … 15g
鮮奶油 … 60ml
　烘焙用白巧克力 … 20g
　鮮奶油 … 20ml
　明膠片 … 1片（2.5g）
　熱水（80℃）… 1大匙
冷凍的覆盆子 … 16顆

【底座】
　原味餅乾（第11頁）… 4片（35g）
　核桃 … 15g＊
　奶油（無鹽）… 15g
裝飾用的烘焙用白巧克力 … 適量

＊以預熱至160℃的烤箱空烤8分鐘，然後切碎。

前置作業

● 白巧克力切碎之後，加進以
　微波爐加熱30秒的鮮奶油中，
　放置1分鐘後攪拌融化，放涼備用。
● 奶油乳酪以微波爐
　加熱40秒，使之軟化。
● 明膠片泡在冰水中，泡軟之後備用。
● 將烘焙紙鋪在模具的底部。

1 製作底座。將餅乾裝入厚塑膠袋中，以擀麵棍敲打成碎
　屑。加入核桃、以微波爐加熱30秒融化的奶油，攪拌均
　勻之後鋪滿模具的底部，放入冷藏室備用。
2 將奶油乳酪放入缽盆中，用打蛋器以摩擦碗底的方式攪
　拌，然後加入細砂糖繼續攪拌。依照鮮奶油⇒已經融化
　的白巧克力（攪拌一下）⇒加入熱水融化的明膠片的順
　序加入缽盆中，每次加入時都要一圈一圈地攪拌。
3 在底座的上面沿著邊緣擺放覆盆子（直接以結凍的狀
　態），然後倒入2，放在冷藏室中冷卻凝固3小時以上。
　要享用時放上以刨片器削下的白巧克力。

[烘焙用白巧克力]
風味濃郁、有著牛奶
般的美味，可以省下
切碎工夫的薄片狀白
巧克力也很方便。
「調溫巧克力薄片
白」（富）⇒購買處
請參照第88頁。

將巧克力切碎之後，
加進以微波爐加熱過
的鮮奶油之中，放置1
分鐘等融合之後，再
以刮刀攪拌融化。在
加進奶油乳酪糊前，
最好再攪拌一次。

冷凍覆盆子直接以結
凍的狀態，沿著模具
的邊緣繞一圈擺放在
底座上面。它的果汁
會滲入奶油乳酪糊的
裡面，使蛋糕帶有酸
甜的味道。

Gâteau cru au fromage, pêches et romarin

06 桃子迷迭香生乳酪蛋糕

桃子搭配清爽的迷迭香，是我在夏季一定會採用的經典風味。

Tiramisu sans œufs

07 無蛋提拉米蘇

連經典甜點也以不加蛋白霜的簡單配方，介紹給大家。

Gâteau cru au fromage, pêches et romarin

06 桃子迷迭香生乳酪蛋糕

我喜歡桃子搭配迷迭香的組合，夏天時經常會做成糖漬白桃，
有時會放在沙拉上當作配料。而這裡使用的是不論何時都買得到的白桃罐頭，
添加迷迭香和檸檬的香氣，做成味道清爽的蛋糕。
這款乳酪蛋糕希望大家務必要搭配氣泡酒享用。

材料 <u>直徑12cm可卸式圓形模具1個份</u>

奶油乳酪 … 100g
細砂糖 … 40g
原味優格 … 50g
鮮奶油 … 100mℓ
檸檬汁 … ½大匙
　明膠片 … 1又½片（3.75g）
　熱水（80℃）… 2大匙
白桃（罐頭，切半）… 1又½顆
磨碎的檸檬皮（無蠟的檸檬）
　… ½顆份
迷迭香（新鮮）… ⅓枝
【底座】
　原味餅乾（第11頁）… 4片（35g）
　核桃 … 15g＊
　奶油（無鹽）… 15g

＊以預熱至160℃的烤箱空烤8分鐘，然後切碎。

前置作業

• 奶油乳酪以微波爐
　加熱40秒，使之軟化。
• 白桃切成6等分的瓣形，
　用廚房紙巾擦乾水分。
• 迷迭香挦除葉片，細細切碎。
• 明膠片泡在冰水中，泡軟之後備用。
• 將烘焙紙鋪在模具的底部。

1　製作底座。將餅乾裝入厚塑膠袋中，以擀麵棍敲打成碎屑。加入核桃、以微波爐加熱30秒融化的奶油，攪拌均勻之後鋪滿模具的底部，放入冷藏室備用。

2　將奶油乳酪放入鉢盆中，用打蛋器以摩擦碗底的方式攪拌，然後加入細砂糖繼續攪拌。依照優格⇒鮮奶油⇒檸檬汁⇒加入熱水融化的明膠片的順序加入鉢盆中，每次加入時都要一圈一圈地攪拌。

3　在底座的上面沿著邊緣擺放白桃，撒上檸檬皮、迷迭香，然後倒入 2，放在冷藏室中冷卻凝固3小時以上。

［白桃和迷迭香］
白桃香甜的滋味和彷彿入口即化的口感深具魅力。如果是罐頭製品，一整年都可以使用，非常便利。迷迭香是擁有清爽甘甜香氣的香草。切成碎末之後再加進去。

1顆白桃切成4等分，½顆則切成2等分的瓣形，沿著邊緣繞一整圈擺放在底座的上面。上面再撒上檸檬皮和迷迭香。

07 無蛋提拉米蘇

以馬斯卡邦乳酪甜而濃郁的味道與可可粉的苦味為重點的提拉米蘇。
這是使用米製粉的餅乾製作，不加麵粉也不加蛋的配方。
怕酒味的人可以把蘭姆酒換成牛奶。以牛奶調整成滑順的乳酪糊。
把蘭姆酒換成瑪莎拉酒（義大利烈性葡萄酒）的話，就可以做出道地的味道。

材料 21×17×深5.5cm的容器1個份

馬斯卡邦乳酪 … 250g
鮮奶油（乳脂肪含量47％）… 200mℓ
細砂糖 … 2大匙
蘭姆酒 … 1大匙
牛奶 … 3～4大匙
原味餅乾（第11頁）… 24片＊
【咖啡糖漿】
　即溶咖啡 … 1大匙
　細砂糖 … ½大匙
　熱水 … 50mℓ
最後潤飾用的可可粉 … 適量
＊使用「馬利餅」的話12片。

前置作業
- 將咖啡糖漿的材料混合後，
  放涼備用。

1 將鮮奶油和細砂糖放入缽盆中，打發至立起柔軟的尖角。

2 將馬斯卡邦乳酪放入另一個缽盆中，用打蛋器以摩擦碗底的方式攪拌，加入 1 之後一圈一圈地攪拌。加入蘭姆酒攪拌，再加入牛奶調整成滑順的軟硬度。

3 依照半量的餅乾⇒半量的糖漿⇒半量的 2 的乳酪糊之順序重疊在容器中，接著再重複做一次，然後放在冷藏室靜置2小時以上。要享用前再用小濾網撒可可粉。

[馬斯卡邦乳酪]
義大利的新鮮乳酪。以提拉米蘇的材料而聞名，天然的甜味和滑順的口感就像鮮奶油一樣。可以添附在草莓等水果的旁邊再淋上蜂蜜，也可以搭配其他的乳酪，做成義大利麵醬汁。

鮮奶油加入細砂糖，打發至立起柔軟的尖角。也就是雖然立起尖角，尖端卻有點彎曲下垂的程度。

將餅乾在容器中排成3×4列，然後以湯匙舀半量的咖啡糖漿淋在上面。大約讓餅乾充分變濕的程度。

放上半量的乳酪糊、用橡皮刮刀抹平，再次將餅乾3×4列排列在上面。

以湯匙淋上剩餘的咖啡糖漿，再放上剩餘的乳酪糊，用橡皮刮刀抹平。然後放在冷藏室充分冷卻。

Crêmet d'Anjou

08 安茹白乳酪蛋糕

加入水切優格和蛋白霜。
輕柔、鬆軟，入口即化。

Fontainebleau

09 楓丹白露

即使沒有白乳酪（Fromage blanc），
也可以用水切優格輕鬆製作出來。

Cassata

10 卡薩塔蛋糕

使用麗可塔乳酪製作的西西里島甜點。
在日本把它當作冰蛋糕，很受歡迎。

Crêmet d'Anjou

08 安茹白乳酪蛋糕

法文名稱（Crêmet d'Anjou）＝安茹的乳脂之意，
是位於法國‧羅亞爾河中游之安茹地區做出來的甜點。
與酸味的覆盆子醬汁搭配，味道非常均衡。
比起預先做好，更建議在製作完成後的4～5小時內享用，能品嚐到新鮮的滋味。

| 材 料 | 直徑5cm的蛋糕5個份 |

原味優格 … 200g
細砂糖 … 10g
檸檬汁 … 1小匙
鮮奶油（乳脂肪含量47%）… 60ml
【蛋白霜】
　蛋白 … 2顆份
　細砂糖 … 25g
【覆盆子醬汁】
　冷凍的覆盆子 … 100g
　細砂糖 … 30g
　檸檬汁 … 1小匙

| 前置作業 |

- 將優格放在網篩上，放在冷藏室
  一個晚上瀝乾水分，準備100g的分量。
- 準備5片裁切成15×15cm大小的紗布。

1　將水切優格放入缽盆中用打蛋器攪拌，依照細砂糖⇒檸
　　檬汁的順序加入缽盆中，每次加入時都要攪拌。
2　將鮮奶油放入另一個缽盆中，打發至立起柔軟的尖角
　　（請參照81頁）。將它加入1之中，用橡皮刮刀輕輕地
　　翻拌。
3　製作蛋白霜。將蛋白放入另一個缽盆中，用手持式電動
　　攪拌機以高速打發，再將細砂糖分成3次加入，打成尖角
　　挺立的蛋白霜。將⅓量的蛋白霜加入2之中，用打蛋器
　　一圈一圈地攪拌，再將剩餘的蛋白霜分2次加入，每次加
　　入時都要用橡皮刮刀輕輕地翻拌。
4　分成5等分，以紗布包起來，放在網篩上，然後放在冷藏
　　室4～5小時瀝乾水分。取下紗布之後盛在容器中，淋上
　　用鍋子煮沸一下做成的覆盆子醬汁後即可享用。

將原味優格放在網篩上，底下疊著缽盆，放在冷藏室一個晚上瀝乾水分，準備100g的分量。

一邊把細砂糖加入蛋白中，一邊用手持式電動攪拌機以高速打發，打成尖角確實挺立的蛋白霜。

以紗布包住優格蛋霜，擰轉收口處，然後放在網篩上，放在冷藏室4～5小時瀝乾水分。

覆盆子醬汁是將冷凍的覆盆子、細砂糖、檸檬汁放入鍋子中解凍，待釋出汁液之後以中火加熱，細砂糖融化之後再煮沸一下就完成了。

Fontainebleau

09 楓丹白露

與法國・巴黎東南方的都市同名之甜點。我想起在巴黎的乳酪店工作時，
有位經常上門的老爺爺每次都買這款甜點。
我問他這要怎麼吃呢？他教我：「要撒上砂糖吃哦。」

材　料　6cm長的成品6個份

原味優格 … 300g
鮮奶油（乳脂肪含量47%） … 75mℓ
細砂糖 … 20g
市售的杏桃果醬 … 適量

前置作業

• 將優格放在網篩上，放在冷藏室
　一個晚上瀝乾水分，準備150g的分量。

1　將鮮奶油、細砂糖放入鉢盆中，打發至立起柔軟的尖角（請參照81頁）。
2　將水切優格放入另一個鉢盆中用打蛋器攪拌，加入1之後用橡皮刮刀輕輕地翻拌。
3　用兩根大一點的湯匙舀起之後盛在容器中，附上果醬。
　＊撒上細砂糖再享用也很美味。

Cassata

10 卡薩塔蛋糕

義大利・西西里島的甜點，當地的作法是先一層麗可塔乳酪、再一層海綿蛋糕，然後表面是一層杏仁膏。
以糖漬果皮等做點綴，做成半球形，冷卻之後再享用，
是一款滿是甜味的蛋糕。在日本，則是以這裡介紹的類型最為普遍。

材　料　18×8×高6cm的磅蛋糕模具1個份

麗可塔乳酪 … 150g
細砂糖 … 50g
鮮奶油（乳脂肪含量47%） … 150mℓ
烘焙用巧克力（苦味） … 30g
杏仁（整顆） … 20g
開心果 … 10g
糖漬橙皮（切成碎末） … 15g

前置作業

• 杏仁以預熱至160℃的烤箱
　空烤8分鐘。
• 巧克力大略切碎。
• 將烘焙紙鋪在模具中。

1　將麗可塔乳酪、細砂糖放入鉢盆中，用打蛋器以摩擦碗底的方式攪拌。
2　將鮮奶油放入另一個鉢盆中，打發至立起柔軟的尖角（請參照81頁）。將它加入1之中一圈一圈地攪拌，然後加入巧克力、堅果、糖漬橙皮，用橡皮刮刀輕輕地翻拌。
3　倒入模具中，抹平表面，放在冷凍室5小時以上冷卻凝固。

材料介紹

乳酪蛋糕即使只有乳酪也很美味，
因此我認為，材料方面也不需要使用特別難買到的東西。
用容易購得的材料製作，想做時立刻就能製作是其魅力所在。

1. 奶油乳酪

乳酪蛋糕的主要材料。建議使用稍軟一點的奶油乳酪。恢復至室溫之後再使用也可以，但是我覺得以微波爐加熱使之軟化的話，與材料的融合度比較好。一般都是200g重的包裝，所以本書中一併刊載了將200g全部用完的配方。

2. 砂糖

使用的是沒有異味，容易突顯出乳酪風味的細砂糖。顆粒細緻，容易與乳酪拌勻也是它的魅力所在。以等量的黍砂糖等製作會變成另一種不同的味道，也很美味。

3. 蛋

使用的是M尺寸的蛋。以打破蛋殼後淨重50g（蛋黃20g＋蛋白30g）為基準。恢復至室溫之後，即使沒有預先打散成蛋液，只要用打蛋器攪拌就能充分攪拌均勻，所以沒關係。

4. 片栗粉

使用的是日本北海道生產的片栗粉。如果用的是加入乳酪蛋糕裡的分量，就不會讓人在意味道。以等量的玉米粉製作當然也OK。為了讓底部的餅乾呈現酥酥脆脆的口感，所以要加入片栗粉。

5. 鮮奶油

在製作乳酪蛋糕時，基本上選用的是不會太過濃郁、乳脂肪含量35%的鮮奶油。而像提拉米蘇、安茹白乳酪蛋糕等是將鮮奶油打發之後才使用，這時就要用容易立起尖角、乳脂肪含量47%的鮮奶油。

6. 檸檬汁

為了在乳酪蛋糕中添加酸味而使用。這裡使用的是有機栽培的檸檬100%原汁，澀味較少，很美味。以新鮮的檸檬榨成汁當然也OK。「有機檸檬原汁」（富）⇒購買處請參照第88頁。

7. 酸奶油

在鮮奶油中加入乳酸菌使之發酵而成。在製作紐約乳酪蛋糕時，為了添加酸味和香醇的味道而使用酸奶油。比起只用奶油乳酪製作，在蛋糕中加進奶酸，更能增添魅力。

8. 優格

使用的是無糖的原味優格。在製作生乳酪蛋糕時直接使用，而製作德國乳酪蛋糕、安茹白乳酪蛋糕和楓丹白露時，則需花一個晚上瀝乾水分變成乳霜狀之後再加入。

9. 牛奶

在製作舒芙蕾乳酪蛋糕時使用。不選用低脂牛奶、無脂牛奶等，我覺得成分無調整的牛奶還是最美味的。使用平日購買、個人偏愛的品牌就OK了。

10. 明膠

選用香氣中無異味的明膠片。本書中使用的是1片重2.5g的製品。浸泡在剛好蓋過明膠片的冰水中泡軟，再以80℃的熱水融化之後加入乳酪糊中。泡軟的時候如果沒有使用冰水有時會不小心融化，還有在要融化的時候使用滾水的話，就會無法凝固，請注意。（富）⇒購買處請參照第88頁。

◎乳酪蛋糕的保存期限
乳酪蛋糕剛出爐的時候並不好吃，要在冷藏室靜置一個晚上之後再吃。經過2～3天之後，味道融合後是最佳的品嚐時期。保存期限在冷藏室是4～5天，冷凍保存的話大約是一個月。生乳酪蛋糕可在冷藏室保存2～3天。不過，使用草莓、鳳梨、黑櫻桃、香蕉、蘋果和藍莓等新鮮水果製作的乳酪蛋糕，以及生乳酪蛋糕並不適合冷凍。

器具介紹

只需要用一個缽盆，不斷地攪拌就能製作完成的乳酪蛋糕。
所需的器具很少，也是製作點心時令人欣喜的重點。
以下將為大家介紹我經常使用的器具。

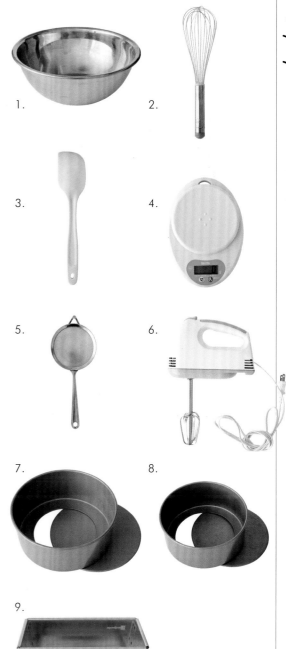

1. 缽盆

使用的是直徑24㎝不鏽鋼製的缽盆。如果有直徑20～24㎝左右的缽盆，製作時就很輕鬆了。製作蛋白霜的時候，使用的是直徑18㎝的缽盆。耐熱玻璃製品也OK。

2. 打蛋器

除了用來攪拌奶油乳酪之外，還會在混合砂糖、蛋、片栗粉等材料時使用。我所使用的是長30㎝的打蛋器。稍微小一點的打蛋器也可以，用家裡現有的打蛋器也沒關係。

3. 橡皮刮刀

將乳酪糊倒入模具中時，或是舒芙蕾乳酪蛋糕加了蛋白霜之後要攪拌乳酪糊的時候使用。在製作焦糖醬或是要融化巧克力的時候，要使用耐熱的橡皮刮刀。

4. 電子秤

使用於計量奶油乳酪和砂糖等材料的時候。如果具有計量時可以扣除容器重量的功能，那麼每次一邊計量一邊加入材料也OK。順帶一提，鮮奶油1㎖＝1g。

5. 小濾網（糖粉篩）

要過濾紅茶的茶葉時，以及可可舒芙蕾乳酪蛋糕要篩撒可可粉和片栗粉時，需要使用小濾網。因為加入乳酪蛋糕中的片栗粉分量較少，所以基本上不過篩也沒關係。抹茶乳酪蛋糕在預先混合抹茶和片栗粉備用時也不用過篩，以叉子一圈一圈地攪拌就OK了。

6. 手持式電動攪拌機

使用於舒芙蕾乳酪蛋糕等，要將蛋白充分打發，製作成蛋白霜的時候。以高速攪拌，一邊將砂糖分成3次加入，一邊充分打發，最後以低速調整質地是重要的訣竅。

7. 直徑15㎝的圓形模具

製作乳酪蛋糕時，要使用容易取出、底部為可卸式的模具。我所使用的是鐵氟龍的模具，但不論哪種材質的模具都OK。底部和側面要鋪上烘焙紙後再使用。

8. 直徑12㎝的圓形模具

這個也要使用容易取出、底部為可卸式的模具。只有生乳酪蛋糕是只將烘焙紙鋪在模具底部然後使用。順便提一下，將直徑15㎝模具的分量乘以²⁄₃倍，就是直徑12㎝模具的分量。此時烘烤的溫度不變，時間則以食譜為準，請一邊觀察烘烤情況一邊調整。

9. 磅蛋糕模具

使用18×8×高6㎝的磅蛋糕模具。這個是白鐵製的，但其實不論哪種材質都OK。在本書中，會於製作帕馬森乳酪蛋糕和卡薩塔蛋糕時使用。

かのうかおり KAORI KANO

1975年出生於日本長崎縣壹岐島，在千葉縣長大。於學習院女子短期大學家庭生活科研習營養學。在當上班族時，經常到法式甜點、料理的學校上課，為了徹底鑽研其中她最感興趣的乳酪，暫別丈夫獨自前往法國。於乳酪農家研修，學習乳酪的販售，回國後開設「卡歐琳娜甜點店」。以乳酪蛋糕為主，販售幾乎不使用麵粉製作的甜點。具有法國乳酪評鑑騎士（Chevaliers du Taste-Fromage）、J.S.A.侍酒師（日本侍酒師協會認證）的資格。育有一男二女。

http://kaorinne.ocnk.net

KAORINNE KASHITEN NO CHEESE CAKE
© KAORI KANO 2018
Originally published in Japan in 2018 by SHUFU TO SEIKATSU SHA CO., LTD.
Chinese translation rights arranged through TOHAN CORPORATION, TOKYO.

41款無麩質乳酪蛋糕：
兩步驟輕鬆完成日本名店的濃郁好滋味

2019年3月1日初版第一刷發行
2023年1月1日初版第二刷發行

作　　　者　かのうかおり KAORI KANO
譯　　　者　安珀
責 任 編 輯　魏紫庭
美 術 編 輯　寶元玉
發 行 人　若森稔雄
發 行 所　台灣東販股份有限公司
　　　　　　＜地址＞台北市南京東路4段130號2F-1
　　　　　　＜電話＞(02) 2577-8878
　　　　　　＜傳真＞(02) 2577-8896
　　　　　　＜網址＞http://www.tohan.com.tw
郵 撥 帳 號　1405049-4
法 律 顧 問　蕭雄淋律師
總 經 銷　聯合發行股份有限公司
　　　　　　＜電話＞(02)2917-8022

TOHAN

國家圖書館出版品預行編目資料

41款無麩質乳酪蛋糕：兩步驟輕鬆完成日本名店的濃郁好滋味 / かのうかおり作；安珀翻譯. -- 初版. -- 臺北市：臺灣東販, 2019.03
88面；21×22公分
譯自：カオリーヌ菓子店のチーズケーキ
ISBN 978-986-475-943-9（平裝）

1.點心食譜

427.16　　　　　　　　　108001492

日文版工作人員

設計／高橋 良（chorus）
攝影／福尾美雪
造型／池水陽子
法文翻譯／村松 彩
烹調助理／小澤亜由美

校對／滄流社
編輯／足立昭子

材料提供／タカナシ販売株式会社
　　　　　　チーズ・オン ザ テーブル

＊材料提供

◎（富）⇒TOMIZ（富澤商店）
tomiz.com

以製作甜點、麵包的材料為主，各式食材一應俱全的食材專賣店。除了網路商店之外，在日本全國各地都有直營店。